Fusionsfieber 2.0

Max M. Habeck • Fabian Frohn
Samy Walleyo

Fusionsfieber 2.0

Wie man eher, schneller und
nachhaltiger bei Übernahmen
Erfolge erzielt

Max M. Habeck
Ernst & Young GmbH
Hamburg
Deutschland

Fabian Frohn
Ernst & Young GmbH
Berlin
Deutschland

Samy Walleyo
Ernst & Young GmbH
Eschborn
Deutschland

ISBN 978-3-658-00516-0   ISBN 978-3-658-00517-7 (eBook)
DOI 10.1007/978-3-658-00517-7

Die Deutsche Nationalbibliothek verzeichnet diese Publikation in der Deutschen Natio-
nalbibliografie; detaillierte bibliografische Daten sind im Internet über http://dnb.d-nb.de
abrufbar.

Springer Gabler

Lektorat: Anna Pietras

Gedruckt auf säurefreiem und chlorfrei gebleichtem Papier

Springer Gabler ist eine Marke von Springer DE. Springer DE ist Teil der Fachverlagsgruppe
Springer Science+Business Media
www.springer-gabler.de

Vorbemerkung der Autoren

In einem Buch über Unternehmen und die Transaktionen, die diese Unternehmen verändern, wollten wir die vielen operativen Erfahrungen unserer täglichen Arbeit verarbeiten und mit interessierten Lesern teilen. Unsere Leser sollten die Menschen in den Unternehmen sein, in deren Verantwortung große und kleinere Projekte dieser Art ablaufen.

Bei der Zusammenstellung des Autoren-Teams stellten wir fest, dass einer von uns bereits vor Jahren an einem erfolgreichen Buch mit ähnlicher Thematik als Autor mitgearbeitet hat. Seit dem Erscheinen des damaligen Buchs „Wi(e)der das Fusionsfieber" im Jahr 2000 hat sich die Uhr jedoch ein gutes Stück weiter gedreht. Was damals noch neu war im nicht-angelsächsischen Markt, ist heute Routine für die Unternehmen und deren Berater. Trotz der vielen Entwicklungen, auf die wir in dem vorliegenden Buch eingehen, hat „Wi(e)der das Fusionsfieber" uns als profunde Basis gedient. Denn: Vieles aus dem Buch können wir auch heute nicht besser und nicht anders sagen. Aber: Vieles ist heute zu beachten, das um 2000 noch nicht im Mittelpunkt der Überlegungen und Aktivitäten stand.

Aufgrund unserer aktuellen Erfahrungen setzen wir in diesem Buch auch einen anderen Schwerpunkt, indem wir z. B. dafür plädieren, die Transaktion von vornherein stärker mit der Integration zu verbinden und bereits früher als in der Vergangenheit üblich, die Integrationsarbeiten zu beginnen und damit die Weichen für eine erfolgreiche gemeinsame Zukunft zu stellen. Für uns hat sich unsere Arbeit der vergangenen Jahre ganz klar auf die Post-Merger-Integration fokussiert. Die Integration betrifft in den meisten Fällen alle Ebenen im Unternehmen, alle organisatorischen Einheiten und Prozesse/Systeme und ist definitiv der wichtigste Abschnitt der Transaktion für die Realisierung des geplanten Wertzuwachses. Das ist uns heute klarer denn je. Und wir denken, dass man gar nicht früh genug im Rahmen des Transaktionsprozesses anfangen kann, die Integration auf der Grundlage der anvisierten Ziele vorzudenken und erste wichtige Weichen zu stellen. Nur so kann der Gesamtprozess für die beteiligten Unternehmen die Ziele realisieren, die als strategische Begründung der Transaktion zugrunde lagen.

Hamburg	Max M. Habeck
Eschborn	Samy Walleyo
Berlin	Fabian Frohn

Vorwort

Seit dem Erscheinen des Buchs „Wi(e)der das Fusionsfieber" vor fast 14 Jahren haben sich die Zeiten definitiv geändert. Mergers & Acquisitions sind inzwischen auch in Europa integrativer Bestandteil von Unternehmensstrategien, beschäftigen die Unternehmen also weit mehr als noch um die letzte Jahrhundertwende. Selbst umfangreiche Transaktionen, so genannte „Mega Deals", die Unternehmen völlig verändern, sind längst akzeptiert und in der Mitte der Wirtschaft angekommen. Und dies trotz der vielfältigen „Heuschrecken"-Diskussionen. Kurz: Wir alle haben viel gelernt und haben uns gefragt, ob die alten „Schlüsselfaktoren erfolgreicher Fusionen" noch relevant sind.

Anschauliche Beispiele, die Erfolg oder Misserfolg einer Transaktion verdeutlichen, gibt es genug:

- Da wäre die mehr als hundertjährige Automobilindustrie, die sich trotz großartiger Marktbedingungen aber bei strukturellen Überkapazitäten seit etwa 15 Jahren in einer beispiellosen internationalen Konsolidierungsphase befindet. Trotz der vom zunehmenden Wettbewerb diktierten Notwendigkeit, sich schlank aufzubauen und zum Beispiel durch horizontale Fusionen Kostenvorteile zu realisieren, scheitert eine solche Transaktion häufig. Daimler Benz und Chrysler waren ein prominentes Beispiel. Viele andere sind den gleichen erfolglosen Weg gegangen.
- Auch die Finanzinstitute haben zur gleichen Zeit weltweit viele Fusionen und Übernahmen abgewickelt. Die Erfolge sind in dieser Industrie eindeutig größer, weil man sich dort keine Illusionen über die kulturellen Realitäten machte und sich immer wieder darauf konzentriert, vor allem finanzielle Ziele zu erreichen. Ausnahmen bestätigen die Regel.
- Seit einiger Zeit grassiert das Fusionsfieber auch wieder in den jungen Unternehmen der Internetindustrie. Hier geht es oft um ein relativ bescheidenes Transaktionsvolumen, aber es gibt auch Milliardendeals, bei denen es um das

strategisch frühe Besetzen eines Marktpotentials oder einer Schlüsseltechno-
logie geht. Beispielhaft seien hier zwei Übernahmen genannt, die von PayPal
(Bezahlsysteme) oder brands4friends (Shopping-Club) durch eBay.

Wegen der vielen Transaktionen, die durchgeführt wurden, und wegen der unzähligen „lessons learned" der beteiligten Unternehmen sind wir uns sicher, dass
Unternehmen über die Zeit generell transaktionserfahrener geworden sind. Deshalb haben wir für dieses Buch als Nachfolger von „Wi(e)der das Fusionsfieber"
einen anderen Schwerpunkt gewählt als für die Vorgängerausgaben, auch wenn
wir den bisherigen Ausführungen nicht grundsätzlich widersprechen wollen. Inzwischen haben die aktiven Unternehmen nämlich erkannt, dass bei allem emo-
tionslosen Shareholder-Value-Denken der Integration der übernommenen Unternehmen höchste Bedeutung zugemessen werden muss – und zwar von Anfang
an. Und die – etwa bei einer Übernahme – eher einen passiven Part spielenden
Unternehmen wissen heute, dass es Konstellationen gibt, wo es durchaus sinnvoll ist, die vorhandenen Kompetenzen ganz pragmatisch in ein stärkeres Ganzes
einzubringen.

Inhaltsverzeichnis

Post Merger-Integration – früher anfangen und später aufhören

1

Zusammenfassung

Eine Integration ist ein anspruchsvolles Projekt, das in seiner Tragweite nicht unterschätzt werden darf. Deshalb haben wir in diesem Einleitungskapitel die Kernthemen einer Unternehmensintegration beleuchtet und sie in den folgenden Kapiteln Schritt für Schritt anhand von Unternehmensbeispielen illustriert und zugänglich gemacht. Die Hinweise, die wir zusammenfassend ans Ende der Kapitel stellen, sind aus unserer Praxis erwachsen. Wir wissen, dass hier zwar Richtungen aufgezeigt werden können, dass es aber an der Integrationsfront in der Praxis dann doch im Einzelfall immer wieder ganz anders aussehen kann und wird.

Jedes Unternehmen, das sich mit einem anderen – in welcher Weise auch immer – zusammentut, muss sich ändern, um mit der fremden Kultur klar zu kommen, und noch mehr, wenn es darum geht, aus der neuen Situation heraus größere geschäftliche Erfolge zu erzielen. Betroffen ist nicht nur das übernommene Unternehmen, sondern auch der Käufer. Eine Transaktion kennt also keine Sieger und Verlierer, sondern entweder Verlierer oder Sieger. Die Autoren wollen, dass sich zukünftig mehr Unternehmen im Endeffekt als Sieger der Transaktion fühlen können.

1.1 Wie man das Scheitern der Integration von vornherein vermeidet

Bei genauerer Betrachtung verteilen sich die vielen Phasen von der ersten Ansprache des Zielunternehmens bis zur vollständigen Integration der beiden Partner auf zwei Aktivitätsbereiche: Transaktion und Integration. Beide Projektteile sind mit-

M. M. Habeck et al., *Fusionsfieber 2.0*,
DOI 10.1007/978-3-658-00517-7_1, © Springer Fachmedien Wiesbaden 2013

einander verbunden, verlaufen zum Teil parallel, unterscheiden sich aber inhaltlich signifikant voneinander:

Transaktion. Bei der Transaktion geht es zunächst darum, das Zielunternehmen zu einem angemessenen Preis unter Vermeidung von Risiken zu übernehmen. Der Transaktion liegen in den meisten (aber eben nicht in allen) Fällen strategische Begründungen zugrunde, die z. B. auf die Nutzung von Synergien, auf attraktive Produkte, auf neue Märkte oder auf im eigenen Unternehmen nicht vorhandenes Know-how ausgerichtet sind. Ziel ist es, den Gesamtwert des neuen Unternehmens gegenüber den beiden alten Unternehmen zu steigern und den langfristigen Fortbestand am Markt zu sichern. Der Transaktionszeitraum darf nicht lange dauern, er wird eher in Monaten als in Jahren gemessen.

Integration. Die gelungene Integration steht am Ende der Aktivitäten. Sind die entsprechenden Arbeiten abgeschlossen, muss das Unternehmen die oben genannten strategischen Begründungen im operativen Geschäft realisiert haben. Dies kann durch eine geringe Integrationstiefe unter Beibehaltung maximaler unternehmerischer Freiheiten des erworbenen Unternehmens oder durch eine Vollintegration, die alle Prozesse, Systeme und Strukturen zusammenführt, erfolgen. Hier ist in der Regel der gesamte Wertschöpfungsprozess betroffen, so dass es nicht verwundern kann, wenn hier im Vergleich zur Transaktion eher in Jahres- als in Monatsfristen gedacht wird. Zu lange darf es natürlich auch nicht dauern, bis aus zwei Unternehmen eines geworden ist. Wenn die Integrationsarbeiten nicht innerhalb von maximal drei Jahren abgeschlossen sind, wird das strategische Ziel nicht erreicht und damit wird der Wert, den die Transaktion realisieren sollte, verpuffen.

Es liegt auf der Hand, dass bei einer Fusion oder Akquisition mit der nachgelagerten Integrationsphase – ganz gleich wie umfassend das Zusammengehen vorgesehen ist – nicht erst nach Abschluss der Transaktion begonnen werden kann. Wer den Day 1 abwartet, um sich danach Gedanken über die Integration der meistens völlig unterschiedlichen Unternehmen zu machen, kommt zu spät! Die Unternehmen hatten bisher Ziele, die möglicherweise im Widerspruch zueinander standen, schon deshalb ist ein zügiges und erfolgreiches Projekt nicht ad hoc möglich. Vorab muss geplant und vorbereitet werden, damit die einzelnen Funktionsverantwortlichen nicht ohne Koordination isoliert aktiv werden. Anstatt sie mit hohem Zeitaufwand später wieder „einzufangen", sollte man ihnen frühzeitig mitteilen, was geplant ist und welche Rolle sie spielen werden.

Noch ungünstiger verläuft eine Transaktion, wenn durch zu langes Zögern die angestrebten Effekte nicht eintreten. Wenn es soweit kommt, werden die Mitarbeiter so stark verunsichert, dass das Engagement auf beiden Seiten rasch gegen Null

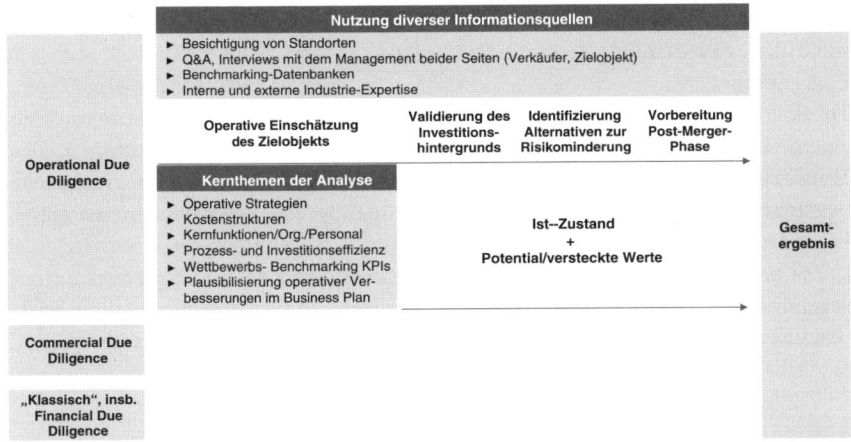

Abb. 1.1 Integrierter Due-Diligence-Ansatz

geht. Ohne Einsatz der Mitarbeiter können die notwendigen Veränderungen im Zuge der Integration nicht mit der gebotenen Geschwindigkeit und gleichzeitig Gründlichkeit vorgenommen werden. So verlieren beide Unternehmen die entscheidende Zeit, die sie eigentlich so früh wie möglich wieder für die Marktbearbeitung aufwenden müssten. Schon wer zu spät eine falsche Balance zwischen operativem Kundengeschäft und den nach innen gerichteten Integrationsanstrengungen erkennt, gefährdet in einem heute generell schwierigen Marktumfeld den Transaktionserfolg.

Auch wenn also die traditionell konsekutive Zweiteilung von Transaktion und Integration aus inhaltlichen Gründen sinnvoll bleibt, müssen die Implikationen des Themas Integration von vornherein, schon in der Phase der Due Diligence, betrachtet und in die Vorbereitung des Integrationsprogramms einbezogen werden. Nur so kann die Schnittstelle zwischen beiden Phasen effizient und nahtlos gestaltet werden (Abb. 1.1).

Die Herausforderung der Integration niemals unterschätzen Im Vergleich zu den 90er Jahren können die Mitarbeiter und Manager der Unternehmen heute auf deutlich mehr Transaktionserfahrung zurückgreifen. Dazu kommt, dass viele Berater mit Integrationserfahrung in die Industrie gegangen sind und dorthin ihren ganzen Fundus an Wissen, Methoden, Tools und Erfahrungen mitgenommen haben. Trotzdem gibt es immer wieder Unternehmen, die eine Transaktion zum ersten Mal durchmachen. Oder sie haben einmal einen erfolglosen Deal erlebt und haben erkannt, dass sie auch hier professioneller vorgehen müssen, möglicherweise mit Hilfe externer Spezialisten. In diesem und vielen weiteren Fällen können alle Unternehmen von den Erkenntnissen, die diese Spezialisten in den vergangenen Jahren gewonnen und weiter entwickelt haben, profitieren:

- Die Erfordernis einer Integration wird seit einigen Jahren stärker im gesamthaften Transaktionskontext gesehen. Nur wer den Sinn der Fusion oder Übernahme vollständig versteht und auf der anderen Seite die „dos and dont's" im Herauslösungsprozess aus dem verkaufenden Unternehmen beherrscht, kann eine Integration rundherum richtig angehen (z. B. Carve-out/Transitional Services-Themen). Die diesbezüglichen Überlegungen sollten schon in der Pre-Deal-Phase beginnen, um z. B. Transitional-Services-Agreements, Sale- and Purchase-Agreements oder den Zeithorizont bis zum Closing mitgestalten zu können.
- Die Menschen stehen grundsätzlich im Mittelpunkt. Es gibt keinen Weg herum um die Belange der beteiligten internen und externen Stakeholder, die mit Hilfe von Change Management und einer weitgehenden Integration beider Kulturen Gelegenheit bekommen müssen, gehört und eingebunden zu werden sowie ihre jeweiligen Standpunkte vertreten zu können.
- Die Unternehmen sind globaler und damit kulturell vielschichtiger, aber auch anspruchsvoller geworden. Die vielfältigen Ansprüche steigern die Komplexität einer anstehenden Aufgabe erheblich. Deshalb kann heute eine Integration nur von einschlägig erfahrenen und entsprechend aufgestellten Teams bewältigt werden.

Vor diesem Hintergrund ist in den Unternehmen zunehmend zu beobachten, dass die bekannte Sollbruchstelle zwischen Transaktion und Integration dadurch überbrückt wird, dass ein Teil des M&A-Teams mit in die Integrationsverantwortung genommen wird. Eine rein sequentielle Vorgehensweise, wie das altbekannte „hit and run", ist damit nicht mehr möglich. Mit der Einbeziehung des Transaktionsteams in die Integration hat z. B. die Deutsche Bahn 2010 bei der Übernahme der britischen Transportgruppe Arriva Erfolg gehabt.

Es geht also auch umgekehrt. In so einem günstigen Fall wird der Integrationsverantwortliche bereits während der Due Diligence in das Transaktionsteam integriert. So hat ein führender US-amerikanischer Elektronikkonzern bei jedem anstehenden Deal dafür gesorgt, dass die weltweiten Funktionsverantwortlichen in jedem Fall aktiver Teil des Due Diligence-Teams waren. Sie besichtigten die operativen Einheiten des Zielunternehmens und erhielten dabei Gelegenheit, dessen Management zu interviewen. Das verhalf ihnen zu neuen Erkenntnissen und schuf gleichzeitig Vertrauen und Rapport mit dem zukünftigen Partner.

Die Integration in die Due Diligence-Betrachtungen einbeziehen Die Due Diligence steht ganz am Anfang der Aktivitäten zur Übernahme und Integration eines Unternehmens. Hier geht es darum, die Chancen einer Transaktion vor der finalen Entscheidung zu bewerten und ihre Folgen abzuschätzen. Meistens weiß man vor der Due Diligence in Ermangelung genauer Daten noch nicht, ob das Ziel-Unternehmen wirklich werthaltig ist. Und während der Due Diligence ist noch unklar, ob das eigene Angebot den Zuschlag erhält. Deshalb wird das akquirierende Unternehmen den Aufwand in dieser Phase soweit es geht begrenzen. Eine frühe Überprüfung der möglichen Integrationsthemen oder der vorher eventuell noch zu lösenden Carve-out-Aspekte im Fall des Kaufes von Konzernteilen hat jedoch hohe Bedeutung. Hier werden im Endeffekt Kosten gespart, und Sicherheit bezüglich der Zeitachse bis zum Closing wird ebenso hergestellt, wie eine gesunde Basis zur Beurteilung eventueller Hindernisse, die der Integration im Wege stehen. Wichtig und in ihrer Wirkung nicht zu unterschätzen sind „integration considerations" daher in mehrfacher Hinsicht:

- Die Liste der Unterschiede zwischen den Unternehmen allein im Bereich Finanzen ist in der Regel sehr lang. Hier gibt es z. B. bereits Hinweise auf das geeignete Vorgehen während der Integration der Finanzbereiche, die den ersten Schritt der Integration bilden (müssen). Auch ein tieferes Verständnis der IT-Systeme auf der Grundlage einer IT-Due Diligence erhöht die Sicherheit des Integrationsansatzes erheblich.
- Die Operational Due Diligence als Ergänzung zur Financial Due Diligence ermöglicht detaillierte Erkenntnisse zum operativen Geschäft über die gesamte Wertschöpfungskette hinweg. Damit wird das Integrationsvorgehen klarer, und mögliche Synergien konkretisieren sich. Die Gefahr, etwa Kostensynergien falsch und zu hoch anzusetzen, wird schon an diesem Punkt aufgrund der tieferen Erkenntnisse nachhaltig verringert. Auch eine Fehleinschätzung der Zeitachse für die geplante Realisierung kann schon im Zuge der operativen Due Diligence vermieden werden.
- Ein wichtiger Aspekt der Komplexität allein aufgrund der einzelnen ineinander greifenden regulatorischen Bestimmungen der europäischen Länder oder des unterschiedlichen (arbeits-)rechtlichen Umfelds erschwert, z. B. US-Unternehmen oder vermehrt asiatischen Unternehmen, die nach Europa drängen, ein effizientes Vorgehen. Dies hat in vielen Fällen zu verspäteten Closing-Zeitpunkten oder zeitlich verschobener und damit unbefriedigender Synergierealisierung geführt.

Aber, Transaktionspraktiker wissen, was passieren kann: Das Closing Dinner ist vorüber, das Deal Team macht sich zum nächsten Thema auf, und die Organisation

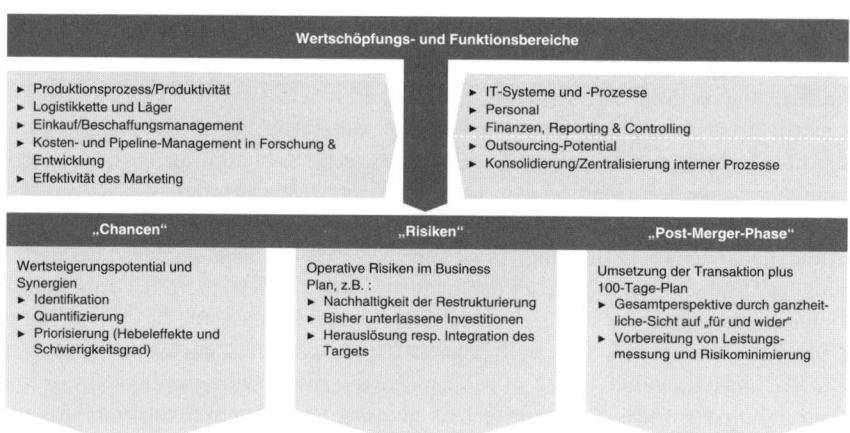

Abb. 1.2 Aufsatzpunkte und Werthebel einer Operational Due Diligence

muss sich nun um die Integration kümmern. Die Erkenntnis, dass der Erfolg einer Transaktion erst in der Integration erreicht wird, gerät nach den Erfahrungen der Autoren immer wieder in Vergessenheit. Obwohl in der Transaktion mehrstellige Millionenbeträge für das zu übernehmende Unternehmen bezahlt werden, wird nicht selten vergessen, ein ausreichendes Budget einzuplanen, um die Integration erfolgreich zu bewältigen und damit die erhofften Effekte zu realisieren (mit denen auch der Kaufpreis begründet wurde). (Abb. 1.2)

Diese Themen betreffen zunächst nur den Integrationsverantwortlichen, aber sehr bald schon das gesamte neue Unternehmen. Schon deshalb ist es so wichtig, bereits in der Due Diligence-Phase die anstehende Integration zu analysieren und zu strukturieren. So bekommt man frühzeitig ein klares Bild davon, was auf die Organisation zukommt und mit welchen Kosten grob gerechnet werden muss. Die für die Abwicklung notwendigen Manager und Mitarbeiter können von diesem Zeitpunkt an bereits involviert werden. So werden sie nicht erst kurz vor dem Kick-off der eigentlichen Integrationsphase durch die Nachricht überrascht, dass sie für ein wichtiges Integrationsfeld verantwortlich sind.

Die Integration strukturiert planen und konsequent managen Gleichgültig, ob es um die Übernahme eines gesunden oder eines krisengeschüttelten Unternehmens geht, es gibt im Regelfall eine wirtschaftliche Begründung für den Schritt, der verspricht in letzter Konsequenz den Gesamtwert des übernehmenden Unternehmens bzw. des neuen Gebildes zu erhöhen. Im Idealfall entsteht aus beiden Organisationen eine, die mehr leistet und erreicht als zwei vorher unabhängige

Unternehmen. Ohne diese Aussicht ist eine Transaktion sinnlos – weder Übernahme noch Fusion bringen die beteiligten Unternehmen weiter, wenn dieses übergeordnete Ziel nicht erreicht wird.

Aber, das ist der Kernpunkt: Es ist kein Naturgesetz, dass zwei Unternehmen, die nach gelungener Transaktion nun eng bis sehr eng zusammenarbeiten und möglicherweise denselben Namen tragen, tatsächlich den Unternehmenswert erhöhen. Ohne lange Erörterungen muss gesagt werden, dass dies nur (je nach zugrundeliegender Untersuchung) in weniger als 50 % der Fälle gelingt. Die Mehrzahl der Deals führt also immer noch nicht zu mehr, sondern ganz klar zu weniger Unternehmenswert.

Und die Antwort auf die Frage „warum?" ist schnell gefunden: Wenn die beiden Unternehmen nicht marktgerecht gemeinsam neu ausgerichtet werden – und zwar eben nicht nur so, wie das stärkere Unternehmen es für richtig hält, sondern so, wie es der Kunde benötigt, dann wird das neue Unternehmen nicht erfolgreich sein können. Erfolg wird erst dann möglich, wenn eine individuell festzulegende enge oder weniger enge, den Marktbedingungen entsprechende Integration beider Geschäfte erfolgt ist.

Diese Integration erst ermöglicht die Umsetzung der strategischen Idee in operative Realität. Natürlich unterliegt jede Integration aufgrund der Unterschiedlichkeit der Unternehmen und aufgrund der oft sehr festgefügten Standpunkte der handelnden Personen einer hohen Komplexität. Jeder operative Unterschied, jede Meinungsverschiedenheit, jede Animosität gegenüber bisherigen Wettbewerbern oder Lieferanten birgt eine Vielzahl von Ursachen für Schwierigkeiten bei Planung und Umsetzung der betrieblichen Integration und in letzter Konsequenz auch die Gründe für ein eventuelles Scheitern.

Es besser zu machen, erscheint erst einmal einfach, darf aber in puncto Aufwand in zweifacher Hinsicht nicht unterschätzt werden:

- *Die Integration beginnt nicht erst in der Integrationsphase,* sondern die Basis wird mit ihrer Planung bereits im Zuge der Due Diligence gelegt. Diese wichtige Einzelheit zu beachten, macht einen großen Teil der Risiken, die den Transaktionserfolg bedrohen, schon zu Beginn der Vorbereitung eines Deals beherrschbar. Einige Risiken kann man sogar von vornherein ausschließen. Da diese Phase in vielen Fällen gar nicht als kritisch wahrgenommen wird, kann es allein durch Unterlassung zu schwerwiegenden Fehlern kommen, die auch durch perfektes Integrationsmanagement in der Folge nicht wieder zu beheben sind. Zusätzlich zu einer detaillierten Planung im Vorfeld ist noch ein wichtiger Punkt zu beachten: In dieser Phase muss auch ausgelotet werden, wie weit man integrieren will. Welches sind die unternehmerischen Grundsätze des Übernehmenden?

Welches Produktionssystem wird favorisiert? Was passt zu den agierenden Menschen, was wird akzeptiert, was stößt auf Widerstand. Was nützt dem Produkt? Was nützt dem Vertrieb? Wie weit können wir gehen, ohne unserem Projekt zu schaden. Kurz: Die Ziele der Transaktion werden den gemeinsamen Möglichkeiten gegenüber gestellt und die können ganz individueller und operativer Natur sein. Nur nach dem „strategic fit" zu suchen, wäre also zu kurz gesprungen.

- *Die Qualität der Integrationsarbeit verbunden mit dem Bewusstsein, eine wichtige Aufgabe zu lösen, determiniert die Wirksamkeit der Integration* und damit auch die Erreichung der Ziele, z. B. die komplette Integration der Prozesse. Diese Qualität gibt es nicht umsonst, sie ist nur mit hohem Aufwand darstellbar. In der Regel wird dieser Arbeitsaufwand für operative Annäherung mit gleichzeitiger kultureller Anpassung oder sogar kompletter Integration völlig unterschätzt. Man verlässt sich auf das institutionelle Know-how, das zwar oft aufgrund zahlreicher Integrationserfahrungen gerade beim größeren Partner vorhanden ist, das aber nicht als fertige „Blaupause" eingesetzt oder abgerufen werden kann. Gerade die Unternehmenskultur ist ein zartes Pflänzchen, das mit großer Überlegung und Vorsicht und mit viel positiv besetzter Kommunikation gepflegt und entwickelt werden muss. Wer hier schnell seine persönlichen Interessen oder das Unternehmens-Ego eines der Partner durchsetzen will, erreicht nicht viel. Es kommt dazu, dass am Ende der kulturellen Integration nicht nur die Mitarbeiter des neuen Partners irritiert sind, sondern auch das Personal des akquirierenden Unternehmens. In beiden Fällen führt die Verunsicherung dazu, dass die besten Mitarbeiter zuerst das Unternehmen verlassen. Und das entzieht dann der Integration vollends den erforderlichen Nährboden und untergräbt die Marktchancen des neuen Unternehmens.

In diesem Kontext spielt der Faktor Zeit eine wichtige Rolle. Wie oben schon erwähnt, müssen die gesamte Vorbereitung und die Durchführung der Transaktion aus nachvollziehbaren Gründen schnell erfolgen, aber in der Integration wirkt sich ein zu hohes Tempo oft negativ auf die Integrationsqualität aus. Die betroffenen Unternehmen haben es in der Praxis erkannt, dass während einer Integration nicht alles auf einmal gemacht werden kann. Das liegt zum einen an den begrenzten personellen Kapazitäten – und die Erfahrung zeigt, dass stets dieselben Leistungsträger mit solchen wichtigen Aufgaben betraut werden. Zum anderen limitiert die oft zunächst begrenzte Veränderungsbereitschaft und -fähigkeit des übernommenen Unternehmens die Integrationsgeschwindigkeit. Beides verlangt nach einer geplanten systematischen Vorgehensweise im Vorfeld und während der Integration, sowie nach der richtigen Priorisierung der Schritte zur Umsetzung einer durchdachten Integrationsstrategie.

Fehler vermeiden und die richtigen Prioritäten setzen Bei der Umsetzung der Integration geht es darum, durch das Schaffen einer gesunden Basis des neuen Geschäfts, auf Jahre die Geschicke des Unternehmens festzulegen. Das kann man am besten erreichen, wenn man nicht nur den theoretischen Regeln folgt, die heute in vielen Büchern, in MBA-Kursen und an Universitäten nachvollzogen werden können. Wir ermöglichen einen Blick in die Praxis, der nicht nur den erfolgreichen, sondern auch den erfolglosen Unternehmen gilt.

Wir wollen untersuchen und dokumentieren, woran es genau liegt, dass Transaktionen und die mit ihnen verbundenen Integrationen tendenziell eher nicht erfolgreich sind. Und wir wollen auch die positive Seite der Medaille unter die Lupe nehmen: Eine detaillierte Betrachtung gibt Aufschluss über die zumindest mittelfristig erfolgreichen Deals. Damit erhält der Leser aus erster Hand aufschlussreiche Einblicke in Projekte, die zu den herausforderndsten, faszinierendsten und zugleich zu den komplexesten im „Leben" eines Unternehmens zählen.

Zahlreiche Themen, die für ein Unternehmen von Bedeutung sind, wie Strategie. Kultur und Organisation, sind in kritischen Situationen besonders wichtig. Und die Integrationsphase nach einer Transaktion ist kritisch für zwei Unternehmen, aus denen eines werden soll. Deshalb kann es fatal sein, wenn die folgenden Fehler – meistens unbewusst – begangen werden:

- *Vision und Strategie* missverstanden: Unklare Definition der Transaktionsziele und der Transaktionsstrategie
- *Individuen und Kultur* vernachlässigt: Fehlende oder inkonsistente Kommunikationsstrategie und -praxis
- *Organisatorische Veränderungen* unterschätzt: Regelmäßig vernachlässigte Berücksichtigung von Prozess- und Strukturrisiken
- *Integrationserfolg* weder definiert noch kontrolliert: Wenig Konsequenz im Projektmanagement und bei der Erfolgsmessung

Vision und Strategie missverstanden: Unklare Definition der Transaktions- und Integrationsziele und der Integrationsstrategie Der Erfolg einer Integration hängt zunächst einmal von der Motivation der Mitarbeiter des übernehmenden Unternehmens ab. Diese Motivation steht in engem Zusammenhang mit den Zielen der Transaktion. Natürlich wissen alle Beteiligten, dass Ziele und die Strategie, mit der sie verfolgt werden, vor einer Transaktion die Basis für alle weiteren Entscheidungen und Aktivitäten bilden. Nur wenige sind sich allerdings darüber im Klaren, wie aufwändig und zeitraubend es für ein Transaktionsteam ist, die Strategie zu verfolgen und in der Umsetzung sicher zu stellen, so dass sie in der betrieblichen Praxis auch realisiert wird.

Nahezu alle Transaktionen verfolgen einen oder mehrere der folgenden drei Ziel-Cluster:

- *Wachstumsziele* (z. B. Zugang zu neuen Märkten und Kunden, Realisierung von Cross-selling-Möglichkeiten, Erreichen einer kritischen Größe, Steigerung des Marktanteils etc.)
- *Kostenziele/Synergieziele* (z. B. Kostensenkung durch Skaleneffekte, Straffung der Administration etc.)
- *Innovationsziele* (z. B. Wissenstransfer, Patente, Produkt- und Prozessinnovationen etc.)

Je nach definiertem Integrationsziel muss das Team nach der Definition der Ziele aus jedem Ziel spezifische Bewertungskriterien und Kennzahlen ableiten, diese gewichten und in beiden Unternehmen abstimmen. Diese Kleinarbeit ist erforderlich, denn erst ihre Ergebnisse ermöglichen allen Projektbeteiligten eine objektive Messung der Zielerreichung, die nach Abschluss der Integration weitestgehend in das Controlling übernommen werden kann. Fehlen diese Kennzahlen, ist keine Klarheit über Erfolg oder Misserfolg der Integration zu erzielen. Und ohne diese Klarheit werden die vielen Adressaten im neuen Unternehmen nur schwer dazu zu bewegen sein, zukünftig die gleiche gemeinsame Richtung zu verfolgen.

In der Praxis werden sowohl externe/interne als auch quantitative/qualitative Kriterien für die Bewertung und Controlling herangezogen. Die mit Abstand am häufigsten gewählten Kriterien bilden hierbei nicht unerwartet interne Kennzahlen, wie Gewinn, Rendite, EBITDA, EBIT, ROI und Cash-flow. Als weiterer Maßstab für den Transaktionserfolg folgen externe quantitative Aspekte, beispielsweise die Steigerung des Marktanteils. Gerade diese Größe ist bei einer wachstumsorientierten Transaktion von höchster Relevanz.

In erster Linie sind für Integrationen aber Frühindikatoren relevant, z. B. die Mitarbeiter- oder Kundenzufriedenheit, denn Finanzkennzahlen können nur rückwirkend darauf hindeuten, dass bestimmte Schritte vorher falsch oder nicht ausreichend waren. Ein sehr wichtiger Blick muss in diesem Zusammenhang den Integrations- und Restrukturierungskosten gelten. Sie dürfen nicht vernachlässigt werden, denn sie bilden einen signifikanten Bestandteil des Gesamtkonstrukts Erfolgsmessung. Ihre Bagatellisierung würde zu einem völlig schiefen Bild des Integrationserfolgs führen.

In der Praxis stellt die Integration das Management sehr früh vor die Entscheidung zur Integrationstiefe. Die Klärung der Frage „Wieviel Integration?" ist eine der wichtigsten im gesamten Übernahmeprozess, denn ihre Beantwortung definiert nicht nur den *modus operandi* im Zuge von Transaktion und Integration, sondern hat Auswirkungen auf die zukünftige interne Aufbau- und Ablauforganisation. Je mehr Integration, desto mehr miteinander verzahnte oder sogar gemeinsame Prozesse und damit auch mehr gemeinsame organisatorische Einheiten. Die Chancen und Risiken der unterschiedlichen Möglichkeiten sind gegeneinander abzuwägen. Das Management muss hierzu schnell eine Entscheidung treffen, die keinesfalls der Umsetzungsebene und dem Verlauf des Projektes überlassen werden darf!

Integrationsstrategie Ist keine Integrationsstrategie definiert und – fast schlimmer – wird sie nicht zielgruppengerecht und unmissverständlich kommuniziert, führt dies in den betroffenen Unternehmen auf allen Ebenen naturgemäß zu falschen Erwartungen. Auch auf der Kunden- und Lieferantenseite sind Irritationen aufgrund ungesicherter Erkenntnisse über das neue Unternehmen vorprogrammiert. Im Wesentlichen stehen drei Integrationsszenarien zur Auswahl:

- *Keine Integration*
  Alle Geschäftsprozesse und Querschnittfunktionen bleiben autark und selbstständig. Die Integration erfolgt im Bereich des Reporting sowie in Compliancerelevanten Themen.
- **Selektive Integration**
  Ausgewählte Querschnittfunktionen werden auf Konzernebene integriert und gebündelt. Organisation und Prozesse werden angepasst, operative Kernprozesse bleiben jedoch unverändert.
- **Vollständige Integration**
  Umfassende Zusammenführung des Zielunternehmens mit dem Käufer einschließlich aller Kern- und Unterstützungsfunktionen sowie einer umfangreichen Reorganisation.

Abhängig von der strategischen Begründung der Transaktion und weiterer Faktoren (z. B. räumliche Nähe, Homogenität der eingesetzten Produktionsverfahren) muss über die jeweilige Gestaltungsform der Integration entschieden werden (Abb. 1.3).

Individuen und Kultur vernachlässigt: Fehlende differenzierte Kommunikationsstrategie und -praxis Der bekannte Umsatzeinbruch bei frisch fusionierten Unternehmen spricht Bände. Diesen sozusagen traditionellen Effekt kann jedes fusionierende Unternehmen vermeiden, wenn es seine internen und externen „Stakeholder" umfassend über die Logik der Transaktion informiert und ihnen in Feedback-Runden und Einzelgesprächen die Gelegenheit gibt, Fragen zu stellen und ihre Meinung zu sagen. Ohne eine klare Kommunikationsstrategie, die die Ziele und Aufgaben definiert, ist diese wichtige Arbeit nicht möglich. Das Unternehmen riskiert

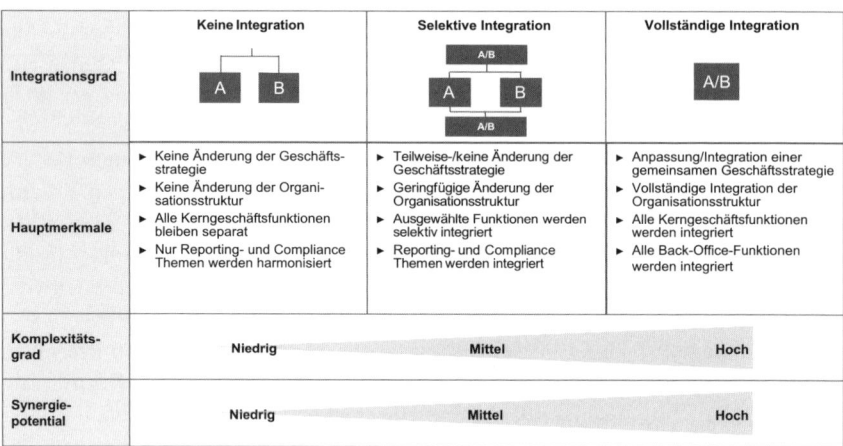

	Keine Integration	Selektive Integration	Vollständige Integration
Integrationsgrad	A B	A/B A B A/B	A/B
Hauptmerkmale	▶ Keine Änderung der Geschäfts- strategie ▶ Keine Änderung der Organi- sationsstruktur ▶ Alle Kerngeschäftsfunktionen bleiben separat ▶ Nur Reporting- und Compliance Themen werden harmonisiert	▶ Teilweise-/keine Änderung der Geschäftsstrategie ▶ Geringfügige Änderung der Organisationsstruktur ▶ Ausgewählte Funktionen werden selektiv integriert ▶ Reporting- und Compliance Themen werden integriert	▶ Anpassung/Integration einer gemeinsamen Geschäftsstrategie ▶ Vollständige Integration der Organisationsstruktur ▶ Alle Kerngeschäftsfunktionen werden integriert ▶ Alle Back-Office-Funktionen werden integriert
Komplexitäts- grad	Niedrig	Mittel	Hoch
Synergie- potential	Niedrig	Mittel	Hoch

Abb. 1.3 Komplexität wie auch Potenziale sind stark abhängig vom beabsichtigten Integrationsgrad

das finale Scheitern der Integration, wenn nicht alle Interessen und Befindlichkeiten beachtet und angesprochen werden.

Die Arbeitnehmer der unteren Ebenen fürchtet um ihren Arbeitsplatz, die mittlere Managementebene fürchtet um die erkämpfte Position. Das Top-Management fürchtet den Verlust seiner Reputation. Diese Verunsicherung hat Abstufungen, je nachdem, ob der Mitarbeiter dem übernommenen oder dem agierenden Unternehmen angehört.

Daher muss eine fundierte und durchgängige an den Transaktionszielen und den internen und externen Gegebenheiten orientierte Kommunikationsstrategie entwickelt werden. Diese Strategie mündet in eine Planung, die zielgerichtete Informationsinhalte, Adressaten sowie Art und Zeitpunkt der Kommunikation festlegt. Ein häufiger Fehler vieler Unternehmen ist es dabei, nach der Kommunikation der Übernahme nur noch sporadisch und unsystematisch zu informieren und vor allem die interne Kommunikation dabei zu vernachlässigen. Wegen der Menge und Heterogenität der internen und externen Stakeholder-Gruppen ist umfassende, ehrliche und konsistente Kommunikation die einzige Möglichkeit, auch unangenehme Entscheidungen nachvollziehbar zu machen. In der Praxis zeigen sich häufig Schwierigkeiten bezüglich des geplanten Vorgehens, denn auch Betriebsrat und Gewerkschaften sind Stakeholder, die darauf achten, dass Betriebsvereinbarungen und arbeitsrechtliche Einschränkungen nicht missachtet werden. Und nicht zuletzt ist auch die Wirkung der Kommunikation auf das eigene Image gerade in der Phase des Neuanfangs ein entscheidender Faktor.

- Die Grundlage der Change Management-Kommunikation bildet daher die *Stakeholder-Analyse:* Alle für die Integration relevanten Stakeholder werden aufgelistet, ihre Interessenlage und ihre Rezeptionshaltung geprüft und geeignete Maßnahmen entwickelt, um zu diesen durchzudringen.
- Die Kommunikation muss sich dann an drei Dimensionen ausrichten: *Die erste „emotionale" Dimension* erfordert, eine gemeinsame Vision und gemeinsame Stärken in den Fokus zu stellen. Unangenehme Entscheidungen müssen in klaren Botschaften kommuniziert und insgesamt die „richtigen Zeitpunkte" für die Ansprache und Einbeziehung der Menschen mit ihren Sorgen gefunden werden.
- In der *zweiten „politischen" Dimension,* wird schnell und im kleinen Kreis über die Startorganisation entschieden, und die Integrationsteams werden mit Entscheidungsbefugnissen ausgestattet. Grundsätzlich ist hierbei darauf zu achten, dass Kompetenzen wegen ihrer Nachvollziehbarkeit Vorrang haben vor „politischen" Entscheidungen bei der Besetzung von Schlüsselpositionen, die starken Erklärungsbedarf hätten.
- In der *Dimension „Steuerung der Veränderungen"* müssen unmissverständliche Integrationsschritte entwickelt und konsequent kommuniziert werden. Des Weiteren müssen die Integrations- und Synergieziele mit den Businessplänen verknüpft werden, so dass die wirtschaftliche Chance der Integration verstanden werden kann.

Beim Kauf eines Unternehmens ist es wichtig, den Know-how-Trägern und Schlüsselmitarbeitern eine klare Perspektive zu geben, um sie nicht zu verlieren. Werte und Stärken des erworbenen Unternehmens können nur mit Hilfe der Mitarbeiter beibehalten werden. Dazu müssen die wichtigsten Mitarbeiter aller Ebenen an der Integration beteiligt werden und in der zukünftigen Organisation eine entsprechende Position erhalten.

Organisatorische Veränderungen unterschätzt: Regelmäßig vernachlässigte Strukturrisiken Die strukturellen Fragestellungen, die sich bei Integrationen ergeben, können sehr vielschichtig sein. Prozesse, Systeme und Strukturen bilden das Rückgrat des Unternehmens und die Frage nach deren ganzheitlicher Stimmigkeit ist immer von zentraler Bedeutung und ganz besonders bei einem gemeinsamen Neubeginn. Nur eine sehr differenzierte Vorgehensweise löst Probleme, die erst im Zuge des näheren Kennenlernens des Partners deutlich werden:

- Harmonisiert man Prozesse des übernommenen Unternehmens in Teilbereichen mit denen des eigenen Unternehmens, führt dies unweigerlich dazu, dass auch die Strukturen beider Unternehmen den Prozessen entsprechend verändert werden müssen.

- In anderen Fällen können bestehende Strukturen in einem Unternehmen beispielsweise so perfekt zu dem bedienten Teilmarkt passen, dass die zu positive Umsatzentwicklung sofort nach Day 1 dafür spricht, alles zunächst „beim Alten" zu lassen. Schon im darauf folgenden Jahr muss diese Entscheidung möglicherweise revidiert werden, aber sie hat geholfen, im ersten Jahr einen Markteinbruch zu vermeiden.

- Fakt ist allerdings auch, dass viele übernehmende Unternehmen sehr klare Vorstellungen davon haben, wie ihr Konzern „tickt", wie die Funktionalbereiche operieren, und wie somit auch das neue Mitglied des Konzerns zu funktionieren hat. Bestehen hier klare und einleuchtende Vorstellungen und Vorgaben, so führt kein Weg an einer gesamthaften Harmonisierung vorbei.

Sobald jeder Mitarbeiter weiß, wie er bei welcher Gelegenheit auf welche Art und Weise mit welchen Personen und Funktionen zusammenarbeiten wird, ist die Grundverunsicherung auf beiden Seiten schon einmal ausgeräumt. Wie die Stellen in Zukunft benannt werden und wie sie genau beschrieben werden, ist zunächst sekundär, die Information dazu sollte aber schnell folgen.

Integrationserfolg weder definiert noch kontrolliert: Wenig Konsequenz im Projektmanagement und der Erfolgsmessung Integrationen sind komplexe Projekte, die alle Bereiche des Unternehmens betreffen. Der sich daraus ergebende Aufwand an reiner Projektadministration ohne unmittelbar fachliche Aspekte ist immens. Hinzu kommt, dass die sich für alle Teammitglieder ergebenden Pflichten, z. B. standardisierte Dokumentation, laufende Updates, Routine-Meetings u. ä., von den Beteiligten oft nicht als spannend empfunden werden. Umso mehr muss man beim Aufsetzen des Projekts und während des gesamten Prozesses darauf achten, dass mit äußerster Disziplin gearbeitet wird, sonst sind Kontrolle und Steuerung des Prozesses gefährdet. Sind sie einmal verloren, lassen sie sich nur schwer wieder erlangen (Abb. 1.4).

Die Wahrung der erforderlichen Disziplin lässt sich durch zweierlei Maßnahmen fördern:

- Klare Projektstruktur
  Hierzu gehört insbesondere eine klare Zuteilung der Verantwortlichkeiten innerhalb einer eindeutigen Projektorganisation. Alle integrationsrelevanten sowie Querschnittthemen (z. B. Kommunikation, Synergie-Monitoring etc.) sollten darüber hinaus abgedeckt werden.

Typische Projektmanagementfehler…	…können mit einem strukturierten Projektmanagement vermieden werden		
► Vermeiden oder Verschieben von schwierigen Entscheidungen	Klare Vision/ Zielvorgaben	Starke Führung	Business-Fokus
► Falschausrichtung des Senior Managements			
► Allgemeine Verunsicherung/fehlende Kommunikation (intern, extern) und mangelndes Verständnis untereinander	Detaillierte Planung	Bewährte Methoden/Tools	Prioritäten/ Schnelle Entscheidungen
► Unzureichende oder zu späte Planung			
► Keine strenge Kosten- und Synergiekontrolle	Detailliertes Controlling/ Reporting	Einbeziehung von Entscheidungs- trägern	Kommunikation
► Kein detailliertes Statuscontrolling/-reporting			
► Unzureichende Leistungsmessung und Nachverfolgungssysteme			
► Unterschätzen von kulturellen Barrieren und aktiver/passiver Widerstand gegen Veränderungen	Ausreichend Ressourcen	Kulturelle Sensibilität	Eskalations- prozess

Abb. 1.4 Ein strukturiertes Projektmanagement hilft typische Fehler zu vermeiden

- Transparente Projektführung
  Die Projektleitung definiert neben den Berichtszyklen (z. B. für Statusberichte, Lenkungskreise, Aufsichtsgremien etc.) auch die einzelnen Eskalationsstufen sowie die zu bearbeitenden Detailebenen innerhalb der Projekthierarchien.

Beim Planen der Projektorganisation ist es unbedingt sinnvoll, im Projektmanagement sowie in den einzelnen Arbeitsgruppen immer Beteiligte beider Unternehmen einzusetzen (Tandemprinzip). Das vermindert das Risiko einer Haltung „wir" und „die", die sehr hinderlich für den Projektfortschritt ist. Bei der Auswahl der Projektverantwortlichen ergibt sich häufig noch ein zusätzliches Dilemma: Die Idealbesetzungen in den Teams sind meist die, die bereits im operativen Geschäft eine Schlüsselrolle spielen. Sie werden gebraucht, auch wenn damit eine zeitliche Doppelbelastung einhergeht. Ein möglicher Lösungsansatz für dieses Problem ist die vorübergehende Freistellung (mind. 80 % der Kapazität) der Schlüsselpersonen von ihren operativen Aufgaben für die Dauer des Integrationsprojektes. Dabei muss beachtet werden, dass dies am Markt keine Folgen haben darf, es muss also „back up" in den Abteilungen und Bereichen zur Verfügung stehen. Den Schlüsselpersonen sollte signalisiert werden, dass ein erfolgreicher Projektverlauf ihrer zukünftigen Karriere förderlich sein wird.

Während der Transaktion darauf achten, dass allein die Strategie zählt

2

Zusammenfassung

Sobald es im Zuge der Transaktion zu „Hands-on"-Arbeiten kommt, wenn also zum Beispiel die Zusammenarbeit in bestimmten Prozessen und zwischen unterschiedlichen Abteilungen konkret geplant und eingeführt wird, muss den Betroffenen die der Integration zugrunde liegende Strategie plausibel gemacht werden. Es reicht nicht aus, wenn sie der Vision nachlaufen, denn diese ist nur ein nützlicher Schritt auf dem Weg zur Strategieentwicklung. Die Manager und Mitarbeiter im Integrationsprojekt müssen sich je nach Integrationsart und -tiefe an der Strategie – sei es an der übergeordneten Unternehmensstrategie, aber auch an den relevanten Produktstrategien – orientieren und in der Lage sein, bei jeder Gelegenheit mit ihrer Hilfe die Sinnhaftigkeit ihres Tuns zu überprüfen. Das heißt im Einzelnen:

- Jede Fusion oder Übernahme liegt zunächst eine klar formulierte Unternehmensstrategie zugrunde. Wenn das Top-Management weiß und mit Marktkenntnis und Intelligenz (und eben auch mit Vision) festgelegt hat, wo „die Reise hingehen" soll und auf welchem Weg, lässt sich diese „Reise" den Mitarbeitern auf beiden Seiten gut vermitteln. Geplante Transaktionen in Fällen die als „gute Gelegenheit" gesehen werden, weil sie sich eher zufällig ergeben, sollten von vornherein von den Aufsichtsgremien und Stakeholdern mit deutlicher Skepsis betrachtet werden.
- Es kommt immer auf die strategische Transaktionsbegründung an, die letztendlich den Stakeholdern klar verdeutlicht, warum ein „Deal" zu einem gegebenen Zeitpunkt sinnvoll ist und zur schnelleren oder gründlicheren Umsetzung der Strategie beiträgt. Dabei sind zu Beginn die Eigentümer des übernehmenden Unternehmens die wichtigsten Stakeholder. Sie sind zunächst die unmittelbar Betroffenen, denn sie bezahlen „die Musik, die gespielt wird".

M. M. Habeck et al., *Fusionsfieber 2.0*,
DOI 10.1007/978-3-658-00517-7_2, © Springer Fachmedien Wiesbaden 2013

- Unternehmensstrategie und Transaktionsbegründung zusammen mit Ergebnissen der Due Diligence führen zur Integrationsstrategie, die flexibel zu gestalten ist, um auf spätere Erkenntnisse nach Closing noch reagieren zu können.

Man muss es ganz deutlich sagen: Seit „Fusionsfieber" haben Unternehmen in Europa bei der Umsetzung von Transaktionen erhebliche Routine erworben. Dinge, die vor zehn oder zwölf Jahren vom seinerzeitigen Autorenteam noch als wichtiger Baustein gesehen wurden, haben aus heutiger Sicht einen geringeren Stellenwert. Hierzu gehört sicherlich auch die Maxime, dass jede Fusion oder Übernahme und die nachfolgende Integration letztlich das Ergebnis einer erhellenden Vision sein müssen, die der Unternehmenslenker mit seinem Managementteam in unzähligen Off-Site-Workshops bis spät in die Nacht diskutiert und geformt hat. Diese Vision sollte Mitarbeiter, Investoren und alle weiteren Stakeholder gleichermaßen begeistern, in der Realität verwurzelt sein und dabei noch die Zeit überstehen. Wirklich ein immenser Anspruch, dem tatsächlich die meisten Unternehmensvisionen in ihrer Gänze nicht gerecht wurden oder werden konnten.

Zudem machen es weitere Beispiele von Unternehmen weltweit deutlich: In unserer Welt ist es fatal, einer unrealistischen Vision zu folgen, die möglicherweise auf mangelnder Kenntnis der eigenen Industrie oder auf unterschiedlichen Kulturkreisen oder auf zu wenig Vorstellungsvermögen und Sicherheit über die Zukunft beruht. Um sich diese für kompliziert gehaltenen Überlegungen zu sparen, sind viele Unternehmen dazu übergegangen, von der schlichten Annahme, dass man irgendwie zueinanderpasst, zu viel zu erwarten. Dieses „Passen" wird offensichtlich in zu vielen Fällen als Erklärung für Entscheidungen benutzt, die erst dadurch einen Sinn erhalten. Aber einfach nur „zusammenpassen" ist nicht das Ergebnis eines stringenten Denkprozesses, sondern stark emotional begründet. Eine emotional gesteuerte Entscheidung ist aber nur in den seltensten Fällen ein Garant für wirtschaftlichen Erfolg.

2.1 Die Fusion oder Übernahme als Folge einer Vision: Gibt es das eigentlich?

Der „integrierte Technologiekonzern mit Weltgeltung" des Ex-Vorstandsvorsitzenden der Daimler-Benz AG, Edzard Reuter, ist gescheitert, genauso wie der globale Automobilkonzern, die „Welt AG", seines Nachfolgers, Jürgen Schrempp.[1] Die letz-

---

[1] Schrempps Welt-AG ist noch Utopie, in: Frankfurter Allgemeine Sonntagszeitung, 27.04.2003, Nr. 17/ S. 37

te der beiden Visionen hat mehr als 60 Milliarden € Aktionärsvermögen vernichtet. Dem jeweiligen Nachfolger wurden die Aufräumarbeiten hinterlassen, Aufräumarbeiten im Sinne einer Rückbesinnung und Konzentration auf das, was den Konzern ursprünglich starkgemacht hat.

Aber auch andere Länder oder Industrien sind vor visionären Fehlschlägen nicht gefeit. 2006 erklärten die französische Alcatel und Lucent Technologies aus den USA ihren transatlantischen Zusammenschluss zu einem einmaligen Kommunikationslösungsanbieter mit globaler Reichweite und lokaler Präsenz in 130 Ländern, Alcatel-Lucent. Der, laut Patricia Russo, Chefin der neuen Verbindung, „unstrittig Führende in der Industrie"[2] für Telekommunikationsausrüstung sollte geschaffen werden. In dieser Kombination, diesem „Merger of Equals", haben die Alcatel-Aktionäre 60 % des fusionierten Unternehmens kontrolliert, und die Konzernzentrale entstand in Paris. Soviel zum Zusammengehen unter Gleichen.

Was sich auf dem Papier sehr attraktiv gestaltete, auch aufgrund der Industriedynamik in der Telekommunikation, wo immer größere ebenfalls durch Fusionen entstandene Abnehmer deutlich kleineren Technologiezulieferern gegenüberstehen, hat sich in der operativen Praxis nicht umsetzen lassen. Im Oktober 2012 hat die Alcatel-Aktie einen 23-jährigen Tiefpunkt erreicht.[3] Zwischenzeitlich, im Zeitraum 2006 bis 2008, hatte das Unternehmen neun Milliarden Dollar an Verlusten angehäuft.[4]

Fallbeispiel Unternehmensberatung/IT-Outsourcing

Auch die Beratungsbranche ist nicht gefeit vor unwirksamen Visionen. Mit dem Kauf des Beratungsunternehmens A.T. Kearney wollte Electronic Data Systems (EDS), ein IT-Outsourcing-Dienstleister, 1995 einen entscheidenden Schritt nach vorn tun. Man wollte die „Defining Entity" in der eigenen Industrie und innerhalb einer neuen Generation von Beratungshäusern werden. „We want to use management consulting to gain insights into our customers' specific business needs, then use our technological capability to satisfy those needs".[5] A.T. Kearney sollte EDS den Zugang zum Allerheiligsten, dem Boar-

---

[2] Alcatel and Lucent merge, creating global telecom equipment giant, in: USA TODAY, 30.11.2006.

[3] „Mit dem Rücksetzer auf 0,72 hat Alcatel-Lucent (ISIN FR0000130007) am 11.10.2012 ein neues All-Time-Low erreicht", vgl. boerse.de.

[4] Alcatel-Lucent: Tough Times For This Telecom Equipment Company, in: seekingalpha.com by Saibus Research, 20. August 2012.

[5] Gary Fernandez, EDS Senior Vice President, zitiert in: EDS to buy consultant for $600 Million, in: The New York Times, 7. Juni 1995.

droom, ermöglichen. Industrieexperten kommentierten schon bei der Verlautbarung der anstehenden Transaktion, dass das Zusammengehen dieser beiden Unternehmen extrem herausfordernd sei: auf der einen Seite die unabhängigen Managementberater und auf der anderen Seite der Konzern, der mit klaren Standard-Operating-Procedures geführt würde.

Nach zehn frustrierenden Jahren kauften die A.T. Kearney-Partner 2006 das Unternehmen von EDS zurück. In diesen zehn Jahren musste das Beratungsunternehmen – nach einer Hochphase zu Beginn der Beziehung – neben verschiedenen zentralistischen Eingriffen in seine originären, auf eine Top-Management-Beratung abgestimmten Prozesse einen außergewöhnlichen personellen Aderlass verkraften. Viele der nun angestellten „Partner" verließen das Haus. Der Unterschied zwischen dem börsennotierten, auf Quartalsergebnisse fokussierten Konzern und einer am Klienten orientierten Partnerschaftskultur erwies sich als unüberbrückbar. Dieser Unterschied im Denken, von „must-wins" bis zu dem, was Beratungsqualität wirklich ausmacht, lies sich nicht überbrücken. Das wurde deutlich bei einem Auftritt des seinerzeitigen EDS-Chief Executive Officers, Dick Brown, anlässlich des jährlichen Kearney-Officer-Meetings im Jahr 2001. Bei einer der Folien, die Brown präsentierte, wies er sehr deutlich darauf hin, dass er nicht nachvollziehen könne, warum A.T. Kearneys Auftragsbestand nur bei etwas mehr als drei Monaten läge, während doch EDS' „Backlog" auf acht oder mehr Jahre zusteure. Ein Kommentar, der auf Seiten der Officers von A.T. Kearney nur ungläubiges Erstaunen hervorrief. Hier hatte jemand offensichtlich grundlegende Unterschiede in den Geschäftsmodellen nicht verstanden. Man kann Brown vielleicht zugutehalten, dass die seinerzeitige Akquisition nicht unter seiner Ägide stattfand, sodass er die fundamentalen Geschäftsunterschiede der beiden Unternehmen einfach nicht kennen musste. Nichtsdestoweniger, die Erwartungen der Zuhörer waren bis dahin von dieser Realität weit entfernt.

Transaktionen, die nur deswegen zustande kommen, weil ein charismatischer Führer meint, es wäre geraten, gerade jetzt mit gerade diesem Unternehmen zusammenzugehen oder es zu kaufen, stehen unter keinem guten Stern. Das ist allein schon deshalb der Fall, weil „geraten" längst nicht immer rational begründbar ist. Recht häufig geht es darum, dass jemand seine Duftmarke hinterlassen möchte, dass er begierig darauf ist, derjenige zu sein, der es schafft, das größte Unternehmen der Branche ins Leben zu rufen oder den „Deal des Jahres" zu bewerkstelligen.

Gerade die Pläne für diese ego-getriebenen Fusionen können oft voreilig und wenig durchdacht sein.

Denn wenn die eigentliche Integrationsarbeit beginnt, merken zweite, dritte, vierte Ebene, was für eine harte Nuss diese Transaktion ist, von der die erste Ebene annimmt, dass sie wegen verschiedener Übereinstimmungen schnell und einfach zu handhaben sein sollte. Was auf der ersten Ebene wie eine Männerfreundschaft aussieht – und es nur selten wirklich ist – erweist sich auf den operativen Ebenen oft als totale Katastrophe: Die Menschen verstehen sich nicht, sie hassen sich häufig sogar, sie verachten die Produkte der anderen Seite etc. Harmonie unter ehemaligen Wettbewerbern ist sehr schlecht herstellbar, auch wenn alles andere passt. Schließlich ist man doch jahrelang gegeneinander im Markt angetreten und hat nichts unversucht gelassen, beim Kunden selber im allerbesten Licht zu erscheinen und den Wettbewerb schlecht aussehen zu lassen.

2.2   Warum die tollsten Visionen scheitern und Transaktionen mit klarer Strategie erfolgreich sind

Die obigen Beispiele lassen sich beliebig fortsetzen. Ihnen, vielleicht mit Ausnahme des integrierten Technologiekonzerns des Edzard Reuter, der vom Bügeleisen bis zur Schiffsturbine eigentlich alles anbieten wollte, was sich mit deutscher Hochtechnologie versehen ließ (eine Idee, die einem heute wie aus einer anderen Zeitalter erscheint) und vielen anderen ist gemein, dass sie häufig in einer von drei Dimensionen scheitern: unsaubere Strategieformulierung und -implementierung, fehlende Integrationsstrategie und damit mangelnde Stringenz in der Integrationsumsetzung sowie kulturelle Unterschiede, die sich als unüberbrückbar erweisen. Auf die Kulturfragestellung wird in einem späteren Kapitel dieses Buches näher eingegangen.

Was sind nun die Fehler bei der Strategieformulierung und -umsetzung? Bei der Beantwortung dieser Frage sollte man sich vielleicht kurz vergegenwärtigen, was Strategie letztlich bedeutet. Es geht hierbei im Unternehmenskontext um konkrete Maßnahmen, die den Weg zu einem nachhaltigen Wettbewerbsvorteil vorzeichnen sollen. Dabei sollte die Diskussion der richtigen zukünftigen Ressourcenallokation, also von Vermögen, aber auch von Wissen und Mitarbeitern, breiten Raum einnehmen. Konsequent geht man hier in der Theorie in der Regel von einem längeren Zeithorizont von mehr als zehn Jahren aus. In der unternehmerischen Praxis weicht man regelmäßig von diesem Zeitfenster ab, zumindest auf Geschäftsbereichsebene oder auch bei kleineren Konzernen, die aber durchaus mehrere Umsatzmilliarden schwer sind. Man bewegt sich sehr schnell im mittelfristigen Bereich; die rollierende Dreijahresplanung und jährliche Budgets oder Business-Pläne ersetzen die Strategie, und das gesamte Geschäft wird auf diese Weise sehr taktisch.

Nun kann man sicherlich zu den strategischen Fehlern im Transaktionskontext keine allgemein verbindlichen Aussagen treffen, wir sehen aber gleiche oder ähnliche Muster immer wiederkehren, und eigentlich geht es immer darum, dass Unternehmensstrategie und Transaktionsbegründung inkonsistent sind. Hierzu einige anonymisierte Beispiele:

- Ein internationaler Technologieanbieter verlautbart seit Jahren, dass das zukünftige Wachstum überwiegend in den BRIC-Staaten generiert werden soll. Die soeben angekündigte Akquisition findet in Europa mit Schwerpunkt Südosteuropa statt.
- Das Management eines EDV-Outsourcing-Anbieters stellt in seinen Bilanzpressekonferenzen wiederholt fest, dass große Outsourcing-Verträge unter extremem Margendruck stehen. Fünf Monate später wird das Zusammengehen mit einem bisherigen Wettbewerber angekündigt, in dessen Leistungsportfolio überwiegend genau diese Verträge gehalten werden.
- Die Eigentümer eines mittelständischen Süßwarenherstellers geben in der örtlichen Presse die Fusion mit (oder besser: Übernahme durch) einem internationalen Konkurrenten bekannt. Im letzten jährlichen Gespräch mit der Regionalpresse hatte man die Wichtigkeit der Authentizität geschäftsführender Familiengesellschafter im Geschäftsalltag besonders hervorgehoben.

Diese Beispiele mögen überraschen, aber dieses oder ähnliches Vorgehen ist an der Tagesordnung.

Die Transaktionen der notierten Aktiengesellschaften stehen aufgrund von Veröffentlichungspflichten und der ständigen Beobachtung durch Finanzanalysten etwas stärker unter Kontrolle, nur geholfen hat dies bei den weiter oben erwähnten Fällen Daimler-Chrysler und Alcatel-Lucent keineswegs.

2.2.1 Worauf es ankommt: Unternehmensstrategie und Transaktionsbegründung müssen konsistent sein

Jedes Management, das auf sich hält, ist heute qua Ausbildung und Erfahrung in der Lage, im Strategieentwicklungsprozess zu reüssieren. Dennoch ist dieser Prozess häufig extrem quälend, und von keinerlei Inspiration geprägt. Lässt sich die Strategieentwicklung nicht allein innerhalb des eigenen Hauses gestalten, sei es aufgrund fehlender Personalkapazitäten oder auch fehlendem Markt- oder Technologiewissen, so stehen diverse externe Helfer bereit, die analytisch und intellektuell brillant unterstützen können. Darum geht es, um Unterstützung, nicht um Einmischung oder Führung, denn das ist die Kernaufgabe des Managements, das seine entsprechenden Zeitanteile genau hierfür zwingend einsetzen muss.

Neben der Bestimmung des Status quo und der „Facts of Life", der nicht verhandel- und diskutierbaren Fakten, werden im Strategieentwicklungsprozess die Zielvorgaben für die Zukunft und die dafür benötigten Ressourcen definiert. Dieser Schritt geht weit über die Definition rein monetärer Größen hinaus. Es wird hierbei regelmäßig über den Zugang zu neuen Technologien gehen und die weitere Ausbildung von Produkt- und Prozess-Know-how. Die Forschungs- und Entwicklungspipeline der Zukunft wird beschrieben, von der etwaigen Grundlagenforschung über zu erwartende Patentanmeldungen und die damit einhergehende spätere Kommerzialisierung.

Neben dem Produkt-Know-how ist vor allem das unternehmenseigene Prozess-Know-how wichtig für die Strategie. In produzierenden Unternehmen stehen damit Fertigungs- und Produktionsprozesse im Zentrum. Im Maschinen- und Anlagenbau beispielsweise konzentriert sich alles auf die Produktionstechnologie, von der Teilefertigung bis zur Montage. Auch die Anteile an Eigen- und Fremdfertigung sind hier relevant und Konzepte wie die „atmende Fabrik" – eine Fertigungsstätte, die in der Lage ist, ihre Ausbringung sehr reagibel den Nachfrageschwankungen anzupassen.

Im Zusammenhang mit der Strategiediskussion nehmen Erörterungen zu Märkten, Kunden und Wettbewerbern breiten Raum ein. Hier geht es immer um die Frage, welche Produkte oder Dienstleistungen zu welchem Zeitpunkt ihres Lebenszyklus welche Kundengruppen, alte oder neue, erreichen sollen. Hier wird zwingend auch die eigene Innovations- und Produktpipeline auf dem Prüfstand stehen. Die Marktbetrachtung umfasst heute immer regionale und internationale Komponenten. Gleichzeitig gilt es, nicht nur ein Gefühl für die Stärken und Schwächen des Wettbewerbs und dessen zukünftige Strategien zu entwickeln, sondern dies auch auf Fakten zu basieren

Neben der intensiven Absatzdiskussion werden auch die bestehenden Beschaffungsmärkte und -alternativen beschrieben. So diskutieren viele produzierende Unternehmen angesichts der noch immer bestehenden weltweiten Unterschiede in den Arbeitskosten über Möglichkeiten, ihre Werkbank zu verlängern bzw. Lieferanten enger in ihr eigenes Fertigungsnetzwerk zu integrieren. Diese Fertigungstiefendiskussion führt in Besonderem zu den entscheidenden Vorgaben für die Zukunft. In den letzten Jahren war das Ergebnis häufig der Aufbruch nach Osten, d. h. Aufbau von Eigen- oder auch Fremdkapazitäten in osteuropäischen und südostasiatischen Ländern, in erster Linie in China.

Insgesamt wird der hier angerissene Strategieprozess die eigenen Stärken und Schwächen transparent machen sowie bestehende Chancen und Risiken aufzeigen, die es zu adressieren gilt.

Ohne hier weiter ins Detail gehen zu wollen: Der Strategieentwicklungsprozess und die hieraus resultierende Unternehmensstrategie geben in wirklich jeder Hinsicht die Richtung vor. Hier wird definiert, wie sich das Unternehmen z. B. bei einer sich schon heute abzeichnenden Energiepreissenkung in den USA positioniert und was die Implikationen für den eigenen weltweiten „Fußabdruck" sein werden. Hier wird beschrieben, was die Quellen des zukünftigen Wachstums sein sollen, seien es neue Märkte und Produkte, innovative Herstellungstechnologien oder auch ein erweiterter Mitarbeiter-Talent-Pool. Darüber hinaus wird hier die eigene Antwort auf zu erwartende Wettbewerbsaktionen oder -reaktionen beschrieben. Und es werden Wege vorgezeichnet, wie bestehende Stärken ausgebaut und etwaige Schwächen neutralisiert werden können.

Auf diesem Wege muss in der Strategiediskussion auch die Erweiterung der Wertschöpfungskette in horizontaler oder vertikaler Richtung thematisiert werden. Da liegt der Themenbereich „Akquisition oder Fusion" sehr nahe. Man wird sich fragen: Sollte eine solche Transaktion notwendig sein, wie sähe sie dann konkret aus? Welche Fähigkeiten und Fertigkeiten, die gegenwärtig oder auf absehbare Zeit nicht oder nur eingeschränkt vorhanden sind, aber zwingend benötigt werden, muss sie dem Unternehmen zur Verfügung stellen? Die Antworten hierzu können sehr vielschichtig sein: Sie umfassen umfangreiche Strategiealternativen – vom konkreten Marktzugang über die erweiterte Innovationspipeline, vom Niedriglohn-Produktionsstandort über den direkten Zugang zu neuen Technologien, von der schlagkräftigen Vertriebsorganisation in einem für das Unternehmen neuen Marktsegment bis zu Rohstoff- oder Energiesicherheit oder einem erweiterten Management-Team (Abb. 2.1).

Alles im Strategieentwicklungsprozess Durchdachte, als plausibel Erkannte und Festgelegte muss sich in der Begründung der Transaktion wiederfinden. Die „einmalige Gelegenheit" allein ist nicht gut genug. Die Fusion oder Übernahme ist für Unternehmen ein Vehikel, ihre Strategie (schneller) umzusetzen.

Fallbeispiel Chemieindustrie

2010 erwarb der Ludwigshafener Konzern BASF das Spezialchemieunternehmen Cognis. Das Unternehmen beschäftigte weltweit in 30 Ländern rund 5.500 Mitarbeiter, davon 2.100 in Deutschland. Das Unternehmen war 1999 als ehemalige Chemiesparte des Düsseldorfer Henkelkonzerns aus diesem hervorgegangen und wurde 2001 an Finanzinvestoren verkauft.

Finanzen & Kosten	Produkte & Länder	Ressourcen & Technologie	Märkte & Kunden
▶ Skaleneffekte ▶ Synergien ▶ Optimierung der Kapitalstruktur ▶ Erreichung erfolgskritischer Volumina ▶ Bündelung von Kapital ▶ ...	▶ Erweiterung des Produktportfolios ▶ Vertiefung der Wertschöpfungskette ▶ Internationalisierung ▶ Diversifizierung des Produkt-oder geografischen Risikos ▶ ...	Vergrößerung desKnow-hows ▶ Neue Technologien ▶ Wissensbündelung Zugang zu: ▶ Limitierten Ressourcen ▶ Intakter Infrastruktur ▶ ...	▶ Marktführerschaft ▶ Vermeidung einer eigenen Übernahme ▶ Vermeidung des Markteintritts neuer Wettbewerber ▶ Zugang zum Kundenstamm ▶ ...

Abgeleitete Merkmale einer erfolgreichen Transaktion

Marktanteilserhöhung Unternehmenswertsteigerung	Verbesserung der Leistungsfähigkeit Wachstum/Wachstumsbeschleunigung	Risikosenkung

Abb. 2.1 Es gibt etliche Motive für Zusammenschlüsse und Übernahmen; meistens ist es eine Kombination von Beweggründen

Zum Zeitpunkt des Erwerbs war der Konzern BASF mit mehr als 100.000 Mitarbeitern und rund 385 Produktionsstandorten das weltweit größte Chemieunternehmen (und ist es heute immer noch) und damit um ein vielfaches größer als Cognis.

BASF sah Cognis als attraktive Ergänzung des eigenen Portfolios bei Kosmetik, Wasch- und Reinigungsmitteln, Ernährung und Gesundheit sowie funktionellen Produkten. Daneben verfügte Cognis als ehemaliger Teil von Henkel über langjährige Erfahrung in naturbasierter Chemie und verfolgte das Prinzip der Nachhaltigkeit. In seinen Produktionsprozessen verarbeitete Cognis rund 50 % nachwachsende Rohstoffe in Form von natürlichen Ölen, Fetten und Pflanzenextrakten.

Anhand eines eigens entwickelten Klassifizierungssystems namens „Green Chemical Solutions" konnten Kunden des Cognis-Geschäftsbereichs „Care Chemicals" erkennen, wie hoch der Anteil der natürlichen erneuerbaren Rohstoffbasis im jeweiligen angebotenen Produkt war.

Im Jahr 2001 erhielt Cognis als erster Spezialchemiehersteller weltweit die ISO-Matrix-Zertifizierung 9001 (Qualität) und 14001 (Umwelt). Seit 2004 war Cognis aktives Mitglied im internationalen Roundtable on Sustainable Palm Oil (RSPO), der vom World Wildlife Fund for Nature (WWF) ins Leben gerufen worden war.

Der BASF-Vorstand sah nicht nur in dieser Hinsicht die Übernahme als wichtigen Schritt: „Mit dem Erwerb von Cognis stärken wir unser Portfolio mit konjunkturrobusten und ertragsstarken Geschäften und bauen unsere Position als das weltweit führendes Chemieunternehmen weiter aus", kommentierte damals Dr. Jürgen Hambrecht, Vorstandsvorsitzender der BASF SE.

„Durch die Akquisition wollen wir der global führende Anbieter von Inhaltsstoffen für die Kosmetikindustrie werden, unsere führende Position bei Wasch- und Reinigungsmitteln weiter ausbauen und eine starke Position bei Gesundheit und Ernährung erreichen", ergänzte Dr. John Feldmann, Vorstandsmitglied der BASF und zuständig für das Segment Performance Products: „Mit dem Erwerb von Cognis ergänzen wir unser Portfolio vor allem mit Produkten, die auf nachwachsenden Rohstoffen basieren. Mit einem breiteren und attraktiven Angebot an Produkten und Leistungen und unserer Forschungs- und Entwicklungsexpertise werden wir für unsere Kunden in diesen Märkten ein noch wichtigerer Partner für gemeinsame Entwicklungen werden und so dazu beitragen, sie noch erfolgreicher zu machen."[6]

Auch wenn Papier gerade bei Pressemitteilungen geduldig ist, zeigte sich im Fall der BASF-Übernahme von Cognis, dass das BASF-Management in der Lage war, den Märkten und Stakeholdern zu begründen, warum diese Akquisition geplant wurde, wie sie in die BASF hineinpasst und was für den Gesamtkonzern herauskommen wird. Waren die oben stehenden Statements der Herren Hambrecht und Feldmann nun visionär? Wohl eher nicht, aber sie waren glaubwürdig und konnten damit leicht kommuniziert werden, sie erschienen praktikabel und sinnvoll. Anders als bei der Alcatel-Lucent-Transaktion gab es in den Medien kaum negative oder zweifelnde Kommentare. Im Gegenteil, der anstehende Zusammenschluss und dessen strategische Logik wurden ausdrücklich gelobt.[7]

Hatte der BASF-Zugriff auf Cognis aber nicht vielleicht auch damit zu tun, dass ein kleinerer amerikanischer Wettbewerber, die Lubrizol Corporation, auch an Cognis interessiert war und bei Erfolg direkt vor der heimatlichen Haustür von BASF aufgetaucht wäre, und zwar deutlich größer als bisher? Das mag sein, aber die andere Geschichte hört sich besser an, auch wenn es absolut üblich ist, mit Transaktionen zu vermeiden, dass ein Wettbewerber Zugang zu einem Markt erhält. Das kann im Einzelfall kurzfristige Taktik sein, aber ebenso gut Teil einer mittel- bis langfristigen Strategie.

---

[6] BASF Presse-Informationen, 23. Juni 2010.
[7] Vgl. „Das Kapital – BASF und Cognis sollte passen", in: FTD, 12.04.2010.

2.2.2   Transaktionsbegründung und Due Diligence bestimmen die Integrationsstrategie

Im Vorhergehenden haben wir beschrieben, wie Unternehmensstrategie und Transaktionsbegründung zusammenhängen müssen. Aber Strategie allein ist nicht alles, sie muss auch mit den Operations verzahnt sein. Hier wird in die Praxis umgesetzt, was „am grünen Tisch" erdacht wurde. Deshalb gehen wir hier näher darauf ein, was eine Strategie für die operative Arbeit bedeutet.

Letztlich geht es weiterhin um die Durchgängigkeit von Strategie und Implementierung. Immer davon ausgehend, dass die Transaktion, ob Fusion oder Übernahme, dazu dient, eine Unternehmensstrategie (schnell) umzusetzen, gilt es nun, die strategischen Absichten der Parteien oder des Käufers mit Leben zu erfüllen und sie als Integrationsstrategie zu formulieren und zu dokumentieren.

So unterschiedlich die Unternehmen und ihre Strategien sind, so unterschiedlich sind auch die Integrationsstrategien Da gibt es keinen allgemein verbindlichen richtigen Ansatz. Häufig wird argumentiert, dass eine Fusion oder Übernahme nur dann erfolgreich sein kann, wenn sie konsequent auf Wachstum ausgerichtet ist. Das ist noch nicht einmal die halbe Wahrheit. Es kommt einzig und allein auf die Stringenz der Absichten an, die mit der Transaktion verfolgt werden. Wurde beispielsweise der Deal gemacht, weil es in einem Markt strukturelle Überkapazitäten gibt, dann hat das wenig mit Wachstum zu tun, sondern eher mit Ressourceneffizienz und Marktkonsolidierung, und man darf erwarten, dass im Rahmen der Integration das Zuviel an Kapazität bereinigt wird.

Andere Experten wiederum favorisieren den Erhalt der Prozesse des Zielunternehmens, vor allem dann, wenn diese sich als leistungsfähiger als die des Käufers erwiesen haben. Auch eine solche Entscheidung hängt von der speziellen Situation ab, in der sich ein Unternehmen zur Übernahme oder Fusion entschließt. Mit der Annahme allerdings, dass beispielsweise ein zwanzigfach größerer Käufer, dessen strategische Marschrichtung ganz klar darauf ausgerichtet ist, ein integrierter Konzern zu sein, einer Neuakquisition zugesteht, weiterhin allein und unbehelligt mit seinen etablierten Prozessen zu operieren, sollte man keine Zeit vergeuden. Das wird nicht so sein und das hat auch keine negativen Auswirkungen. Es wird Umlernen für das gekaufte Unternehmen bedeuten, aber das kann durchaus eine Menge positive Aspekte haben. Was allerdings für die Akzeptanz entscheidend ist, ist Klarheit in beiden Unternehmen über das geplante Vorgehen.

Fallbeispiel Bürobedarfsbranche

Die verfolgte Wachstumsstrategie bewegte einen Anbieter von Bürobedarf dazu, einen Konkurrenten, der nur bestimmte Produktsegmente abdeckte, zu übernehmen. Mithilfe der Akquisition konnte man Umsatzwachstum in bisher nicht bearbeiteten Märkten erzielen, existierende Kunden umfangreicher bedienen und sogar Synergien in der Produktion und der europäischen Logistik nutzen.

Im Falle eines von beiden Seiten als akzeptabel empfundenen und erfolgreich umgesetzten Integrationsansatzes wollte der Käufer auch gemeinsam das Produktionsnetzwerk in Osteuropa ausbauen und die gut eingeführte Traditionsmarke des Zielunternehmens unter der Dachmarke des Käufers weiter entwickeln.

Da das Mutterunternehmen finanziell angeschlagen war, konnte nur ein Verkauf die Finanzsituation verbessern und der Mutter die Fokussierung auf die Kernkompetenzen ermöglichen. Auch stand dringend eine Aufrüstung von IT und Produktion an.

Das Integrationsprojekt stellte die von vornherein enge Kooperation der Teams beider Häuser ins Zentrum, so dass schon die ersten hundert Tage im Zeichen einer engen und fruchtbaren Zusammenarbeit standen. Diese wurde getragen durch die Wachstumsmaxime: Beide Unternehmen identifizierten sich von Anfang an mit dem Wachstumsziel.

Ein solches konsequentes Vorgehen kann ein akquirierendes Unternehmen nur dann entwickeln, wenn objektiv und ehrlich analysiert wird, was zu tun ist und was mit dem Fusionspartner oder Zielunternehmen zu erreichen ist – hinsichtlich der Kernkompetenzen und des finanziellen Ergebnisses. Ein wichtiger Schritt dazu ist die Ausdehnung der Financial Due Diligence auf Strategie und Wertschöpfung, Letzteres in Form einer Operational Due Diligence.

Traditionell ist die Due Diligence auf die finanziellen Aspekte der Fusion oder Akquisition beschränkt, und ist damit auf die Vergangenheit fokussiert. Bilanzen und Gewinn- und Verlustrechnungen aus den Vorjahren werden kreuz und quer analysiert, beschrieben und interpretiert, ohne dass in der Regel eine gültige Aussage zur Unternehmenszukunft getroffen werden kann. Darüber hinaus ist dann erst recht kein Urteil möglich, wie die Zukunft der zwei Unternehmen sich gestalten könnte und wie viel Wertsteigerungspotenzial zu erwarten ist. Gerade eine Wertsteigerung ist aber anzustreben, denn irgendwie und irgendwann muss sich die Transaktion bezahlt machen. Und es muss geklärt sein, was getan werden muss, um das mögliche sogenannte Asset-Impairment und die damit verbundene Abschreibung zu verhindern oder doch zu kompensieren.

Deshalb ist es ganz entscheidend für den Erfolg, sich nicht nur in strategischen Überlegungen zu ergehen, sondern die operativen Fragen anzugehen, in deren Mittelpunkt die operative Integration beider Unternehmen mit ihren unterschiedlichen Prozessen und Systemen steht. Hier spielt der Grad der Integration eine erhebliche Rolle:

Fallbeispiel Chemieindustrie

Im Fall der Übernahme der Nahrungsmittelsparte eines großen Chemiekonzerns, die ein weltweiter Nahrungsmittelhersteller übernommen hat, wurde die operative Due Diligence auf eine spätere Integration ausgerichtet. Es sollte zunächst geklärt werden, zu welchem Grad die Integration erfolgen sollte. Das war eine äußerst komplexe Aufgabe, denn das Zielunternehmen war im Chemiekonzern verwurzelt und sämtliche Lieferbeziehungen bestanden über den Konzern. Es konnte also nicht einfach um Integration gehen, sondern zuallererst stand die Heraustrennung der Nahrungsmittelsparte aus dem Konzern an.

Deshalb wurden alle Trennungsthemen vorgezogen und die Integrationsthemen, wie Übertragung von Personal, Kontrollwechselklauseln in Verträgen und die Notwendigkeit von Übergangsverträgen, wurden anschließend behandelt. Dazu kam die Entwicklung von detaillierteren Carve-out- und Integrations-Ansätzen auf Landes- und Funktionsebene. Am Ende lag eine spezifische Planung der operativen Veränderungen vor, mit einer detaillierten Übersicht über die neue interne Organisationsstruktur und einem Kommunikationsplan für Carve-out und Integration.

Unsere Beispiele belegen, dass die Strategie nicht nur konsequent umgesetztes Mittel zum Zweck der Zielerreichung ist. Tatsächlich ist die beste Integrationsstrategie die, die Gestaltungsspielraum lässt, besonders zu Beginn einer Transaktion. Dieser Spielraum muss zum Feinjustieren der Pläne genutzt werden, um danach die mit dem Deal verbundenen Integrationsziele festzulegen und konsequent zu verfolgen.

Was sie tun müssen

Definieren, was machbar ist: Ihre Unternehmensstrategie bestimmt die Richtigkeit des Fusions- oder Übernahmekandidaten. Sie übernehmen oder fusionieren aus einem guten Grund. Dieser Grund muss sich in Ihrer Transaktionsbegründung und letzten Endes in der Integrationsstrategie wiederfinden. Darüber hinaus wird die Integrationsstrategie auch noch von den Erkenntnissen während der Operational Due Diligence beeinflusst.

Realistisch und ehrlich bleiben: Glaubwürdigkeit und Klarheit haben bei Konzeption und Implementierung eines Integrationsszenarios äußerste Priorität. Unrealistische Äußerungen zum Thema Integrationsgrad oder Stellenerhalt schaffen kein Vertrauen auf der Seite der Betroffenen und wird bestimmt nicht dazu führen, dass in gemischten Arbeitsgruppen um die beste operative Lösung gerungen wird. Entscheidungen – gerade operativer Art – sind leichter zu fällen, wenn jeder weiß, worum es dem Unternehmen überhaupt geht.

Kommunikation ist mehr als Change Management. Und Change Management ist mehr als Kommunikation

3

Zusammenfassung

Es kommt bei Transaktionen regelmäßig vor, dass Kommunikation mit Change Management verwechselt wird. Man sagt dann gerne: „Da machen wir ein bisschen Kommunikation und dann läuft das Change Management automatisch." Kommunikation ist sicher erforderlich, um Change Management wirksam betreiben zu können, hat aber auch andere Aufgaben im Zuge der Transaktion. Und natürlich ist Change Management viel mehr als nur Kommunikation. Praktisch bedeutet das:

- Kommunikation und Change Management müssen früh beginnen und sollten nicht zu früh abgeschlossen werden.
- Kommunikation in der Integration betrifft mehr Bereiche als die, die sich auf Change-Management-Aufgaben beziehen. Insbesondere was das Dickicht an Inhalten und Fristen unter rechtlichen Aspekten angeht, ist ein Höchstmaß an Aufmerksamkeit und exakter Kommunikation geboten.
- Change Management und Kommunikation können nur begrenzt delegiert werden. Beides sind Angelegenheiten des Top-Managements mit der gleichzeitigen Verpflichtung, dafür zu sorgen, dass die Nachricht auf allen hierarchischen Ebenen so ankommt, wie sie ausgesendet worden ist.
- Man muss sich frühzeitig darauf festlegen, was für eine Kultur man haben will: Jede Transaktion braucht ihre individuelle Lösung.
- Kommunikation und Change Management haben die höchste Priorität bei Integrationsprojekten: Gute inhaltliche Argumente und hervorragende Arbeit intern und extern nicht „verkaufen" zu können, ist einer der häufigsten Gründe des Scheiterns.

Die meisten Transaktionen scheitern an der Integration und die meisten Integrationen an dem Unterschätzen der rein kulturellen Aspekte. Es gibt viele Strategien für die Beschäftigung mit kulturellen Fragen nach einer Übernahme oder Fusion. Deshalb ist es sehr wichtig, hier sorgfältig vorzugehen, denn die Konsequenzen einer falschen Vorgehensweise können fatal sein.

3.1 Kommunikation und Change Management sind nicht deckungsgleich

Ganz selbstverständlich gehen Übernahme- und Fusionsprozesse immer mit Veränderungen einher. Diese emotional und rational bei den Mitarbeitern zu etablieren, sie das Ganze mit Leben füllen zu lassen, subsumiert man gemeinhin unter den Begriff Change Management. War das Thema Change Management in der Vergangenheit noch ein verkanntes Stiefkind mit vielen Fragezeichen, so haben viele Manager die Wichtigkeit inzwischen erkannt und messen diesem Thema heutzutage wesentlich mehr Bedeutung, Zeit, Ressourcen und Budget bei. Sie haben auch erkannt, dass Kommunikation, insbesondere auch durch sie selbst, eines der stärksten Werkzeuge des Change Management ist.

Aber gutes Change Management erfordert noch mehr. Es ist das Agieren der Verantwortlichen, die Konsistenz zwischen Gesagtem und den Taten, es ist die Organisation, die man etablieren will und es sind die Entscheidungen, die man trifft. Denn alles was geschieht, wird permanent mit dem abgeglichen, was man gehört hat, und von wem man es gehört hat.

Diese Tatsache ist als Chance zu begreifen, denn man kann falsche Gerüchte entlarven und ihnen ihre künftige Kraft nehmen und man kann seinen eigenen „Sendungen" Glaubwürdigkeit verleihen. Diese Glaubwürdigkeit hilft den Stakeholdern, an Transaktionsbegründung und Strategie des Managements zu glauben. Daher: Change Management besteht nicht nur aus Kommunizieren, sondern insbesondere auch aus Agieren und Nicht-Agieren – und das sendet wiederum klare Kommunikationsbotschaften aus.

Wir haben angemessene Kommunikation immer als einen der komplexesten Teile von Integrationsprojekten empfunden. Denn Kommunikation geht nach unserer Definition weit über ihre Wirkung im Rahmen des Change Managements hinaus. Es gibt insbesondere auch unter rechtlichen und operative Gesichtspunkten zu beachtende Fristen, passende und unpassende Zeitpunkte und inhaltliche Einschränkungen, deren Koordination viel Arbeit erfordert und wenig Freiheitsgrade lässt. Das macht Kommunikation in diesem Zusammenhang zu einer komplexen Angelegenheit, die mehr erfordert, als Statements zu verfassen und passende Antworten für zu erwartende Fragen zu formulieren.

Es gibt eine Reihe von Nachrichten, die am Day 1 nach der Unterschrift, am Tag 1 nach Abschluss und zwischen beiden Terminen sowie im weiteren Verlauf

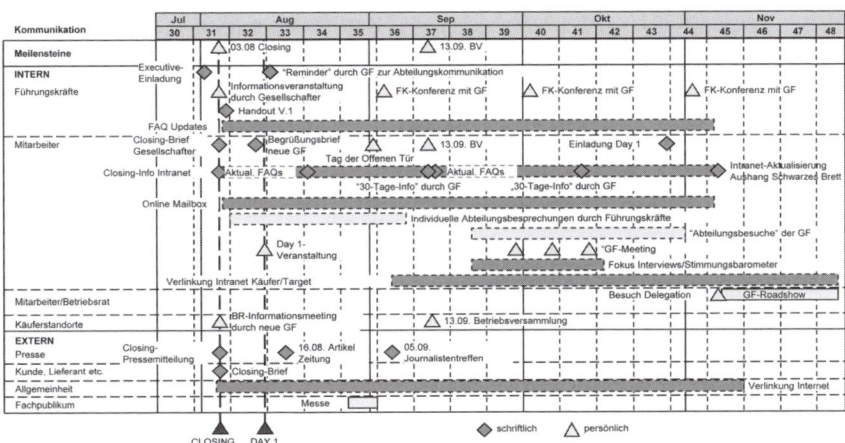

Abb. 3.1 Meilensteinplanung Change Management und Kommunikation

des Prozesses auf Bilanzpressekonferenzen, Aufsichtsrats- und Vorstandsitzungen zum richtigen Zeitpunkt mitgeteilt werden müssen. Wenn dies nicht oder verspätet geschieht, ist das mehr als ein kleiner Fehler.

Alle Stakeholder, also Eigentümer, Betriebsräte, Behörden, Kunden, Lieferanten und nicht zuletzt die Öffentlichkeit, haben in diesem Zusammenhang eben ihre Rechte, Bedarfe und Fristen, zu denen sie gerne Informationen erhalten und auch gerne das Wort ergreifen würden (Abb. 3.1). Die Nachrichten sind unterschiedlicher Natur und daher auch individuell zu gestalten, dürfen aber untereinander nie Inkonsistenzen enthalten.

Die rechtlich bindende Kommunikation im Zusammenhang mit der Transaktion sollte immer von erfahrenen Rechtsabteilungen und Anwälten begleitet und terminiert werden. Diese bestimmen meist penibel genau den Takt sowie Vollständigkeit und Korrektheit des Inhalts.

Derartige Leitplanken darf das Management hingegen bei der Kommunikation im Rahmen des Change Managements nicht erwarten. Hier ist der individuelle Gestaltungsraum glücklicher- und bedauerlicherweise signifikant größer. Hier sind die lauernden Fehler wie auch die zu treffenden Entscheidungen weit weniger offensichtlich.

Alles beginnt mit der Frage: Wer muss sich wie und in welche Richtung ändern?

3.2   Was für eine Kultur hätten Sie denn gerne?

Das große Unbehagen, das verantwortliche Manager mit einer Auseinandersetzung zum Thema Kultur verbinden, ist ihre schlechte Fass- und Messbarkeit. Kultur ist zu einem großen Teil etwas Gefühltes, und nicht selten würden Menschen des gleichen Unternehmens oder Unternehmensbereiches beim Beschreiben der entsprechenden Kultur unterschiedliche Begriffe und Definitionen verwenden. Was kann man also in puncto Kultur tun? Man muss etwas tun, aber es scheint nicht fassbar.

Eine der ersten Fragen, die man sich in diesem Zusammenhang stellen muss, geht zurück auf die Einführung dieses Buches: Wie weit will ich integrieren? Gar nicht, selektiv oder vollständig? Welches die richtige Vorgehensweise ist, hängt sehr stark davon ab, was die Gründe für die Transaktion waren, wie groß und wie stark die jeweiligen Geschäfte sind.

In Abhängigkeit hiervon muss eine von drei denkbaren Basisstrategien gewählt werden. Nicht alle sind jedoch in jeder Situation gleichermaßen empfehlenswert.

Da wäre zunächst das Erhalten von zwei weitgehend separaten Kulturen, dann das Oktroyieren einer bestehenden starken Kultur, und zuletzt besteht die Möglichkeit, eine integrierte Kultur mit den besten Elementen der zwei Vorgänger-Kulturen zu entwickeln.

3.2.1   Zwei separate Kulturen zulassen

Eine Kultur, die mit dem bisherigen Geschäftsmodell in einem Markt erfolgreich ist, wird in einem anderen Geschäfts- und Marktumfeld möglicherweise nicht funktionieren. Wenn eine Übernahme oder Fusion zweier Unternehmen mit sehr unterschiedlichem Fokus oder unterschiedlicher Vorgehensweise erfolgt, heißt das nicht, dass diese Firmen vollständig integriert werden müssen. Zumindest ihre Kultur könnte theoretisch getrennt bleiben, insbesondere wenn man sich auch prozessual oder organisatorisch nur für eine minimale Integration entschieden hat.

Wer verschiedene Unternehmenskulturen zulässt, in denen separat gearbeitet wird, wirft die Frage auf, was unter diesen Umständen der Wert einer Akquisition sein kann. Schließlich wird der Kommunikationsfluss behindert, und Synergien aber auch die Verfolgung gemeinsamer Strategien werden schwierig bis unmöglich. Das kulturell „Schützenswerte" muss den strategisch und operativ negativen Effekten separater Kulturen aus irgendeinem Grund überwiegen. Bei Konglomeraten, die in neuartige Geschäftsfelder investieren, um Risikodiversifikation zu betreiben oder bei vertikalen Transaktionen, die Absatz- oder Beschaffungskanäle sichern

Stakeholder-Analyse	Change-Management-Roadmap	Kommunikationsplan
▶ Übersicht über alle Stakeholder die relevant für die Integration und/oder von den Veränderungen betroffen sind ▶ Basis für geeignete Kommunikationsaktivitäten und Veränderungsinterventionen zur Steigerung von Eigenverantwortung und Selbstverpflichtung ▶ Überwachung der Entwicklung aller Stakeholder während der gesamten Integration	▶ Ausrichtung am Kommunikationsplan und anderen zugrundeliegenden Werkzeugen ▶ Definition von Change-Management-Meilensteinen ▶ Workshops mit dem Führungsteam ▶ Ausarbeitung und Implementierung einer Motivationsstrategie für die Mitarbeiter ▶ Interviews mit dem Führungsteam und den Mitarbeitern ▶ Follow-up-Aktivitäten ▶ "Spezialaktivitäten", z.B.: Fotowettbewerb zur Verbesserung der Büroausstattung (bei Carve-out oder Standortwechsel), Briefkasten" für anonyme Beschwerden und neue Ideen im Sinne des Change Managements	▶ Zusammenfassung der Resultate des Kommunikationskonzepts ▶ Übersicht über alle Kommunikationsaktivitäten pro Stakeholder-Gruppe ▶ Ausrichtung aller Kommunikationsaktivitäten am Integrationszeitplan und an den erwünschten Ergebnissen

Abb. 3.2 Stakeholder-Analyse und Planung der Aktivitäten als Grundlage des Change Managements

sollen, kann das sinnvoll sein. Bei allen anderen Motivationen ist der Ansatz „separate Kulturen" kritisch zu hinterfragen (Abb. 3.2).

Fallbeispiel Automobilindustrie

Ein großer börsennotierter amerikanischer Automobilzulieferer übernahm in Europa ein signifikant kleineres familiengeführtes Konkurrenzunternehmen. Man war sich von vorneherein der Tatsache bewusst, dass die Kulturen nicht unterschiedlicher hätten sein können. Entsprechend begrenzt war auch die Freude der Mitarbeiter über den neuen Eigentümer.

Auf der anderen Seite war man an den Technologien des Targets interessiert, ebenso an einer gemeinsamen künftigen Entwicklung neuer Produkte und Innovationen. Hinzu kam, dass man aufgrund der US-amerikanischen Sarbanes-Oxley Act (SOX)-Anforderungen gezwungen war, gewisse Prozesse und Kontrollmechanismen auch beim erworbenen Unternehmen einzuführen. Was also tun?

Man entschied sich für die Beibehaltung zweier Kulturen. Das Risiko, bei starken Änderungen Know-how-Träger in der Entwicklung, im Vertrieb und im IT-Bereich zu verlieren, erschien zu hoch. Mit einem Schlag hätte man damit den Wert des Unternehmens und der ganzen Akquisition in Frage gestellt.

Bezüglich der für die SOX-Compliance relevanten Themen erstellte man einen strikten Anforderungskatalog, der in einem vorgeschriebenen Zeitrahmen umzusetzen war. Verantwortlich für diese Umsetzung war das Target selbst, es wurden jedoch Ressourcen und Know-how zur Verfügung gestellt und enge Berichterstattung verlangt. Die Tatsache, dass es sich hier um eine regulatorische Anforderung handelte und auch der Wirtschaftsprüfer entsprechende Anforderungen stellte, erleichterte die Akzeptanz.

Im Rahmen von mehr als einem Dutzend Einzelprojekten wurden Entwicklerteams zusammengeführt, die das Ziel des Technologietransfers und der gemeinsamen Innovation verfolgen sollten. Die Teams wurden in etwa paritätisch besetzt, oberstes Credo war, voneinander zu lernen. Die berufsbedingte Neugier und die schöpferische Kraft der Entwickler führten zu bemerkenswerten Ergebnissen.

Nun kann man argumentieren, dass mögliche Synergien nicht realisiert worden sind und dass man Potenzial habe brach liegen lassen. In der Nachbetrachtung kamen die Verantwortlichen zu einem anderen Schluss: Nach der Risiko-Nutzen-Abwägung und in Verbindung mit der Umsetzung einiger kreativer Ideen hat sich dieser Ansatz als richtig erwiesen. Insbesondere die nach wie vor sehr geringe Fluktuation des Personals ist hierfür ein Beleg.

Da das Management von vornherein eine sehr proaktive Kommunikation hinsichtlich dieser Vorgehensweise und ihrer Gründe wählte, blieb die Zahl der kritischen nachfragenden Mitarbeiter und auch der Aktienanalysten überschaubar.

Eine Variation der oben beschriebenen Vorgehensweise ist es, Unternehmen zu erlauben, sich Zeit zu nehmen aufeinander zuzugehen. Während dieser Ansatz weniger traumatisch und risikoreich ist als stärkere Interventionen, wirkt der Prozess für Außenstehende langsam und sein Ausgang ist unsicher.

Entscheidet man sich für die Variante „separate Kulturen", so muss klar sein: Wenn das Momentum einer Übernahme einmal vorüber ist, werden die Unternehmen wahrscheinlich über viele Jahre hinweg kulturell zwei Unternehmen bleiben – wenn nicht sogar für immer.

3.2.2 Dem vermeintlich schwächeren Unternehmen eine neue Kultur aufzwingen

Dass eine „stärkere" Unternehmenskultur dem akquirierten Partner aufgezwungen wird, ist fast die Norm. Auch wenn diese Vorgehensweise Wert zerstören kann, gibt es eine Reihe von guten Gründen, in bestimmten Situationen dennoch so zu handeln.

Wer diese möglichen Situationen durchdenkt, erkennt die Erfolgsfaktoren:

- Es muss gute Gründe geben, die neue Kultur einfach zu verordnen, zum Beispiel dann, wenn die neue Kultur besser zum Geschäft passt als die alte.

- Die Einführung muss zügig erfolgen und erschöpfend sein, damit keine Fragen offen bleiben.
- Sämtliche Nutzeffekte müssen kommuniziert werden, und die Menschen müssen Unterstützung erhalten, wenn sie Schwierigkeiten mit der Anpassung haben.

Demotivation und auch das Risiko, Schlüsselmitarbeiter zu verlieren, sind die Gefahren einer derartigen Vorgehensweise. Befindet sich das übernommene Unternehmen in der Krise oder ist es wesentlich kleiner als das übernehmende, so bleibt diese Option dennoch die wohl beste.

Fallbeispiel Konsumgüterindustrie

Der amerikanische Konsumgüterhersteller Procter & Gamble ist bekannt dafür, seine Policies & Procedures und damit auch seine Kultur den übernommenen Unternehmen in sehr strikter Form „beizubringen". Er ist damit bei vielen Akquisitionen erfolgreich gewesen. Die heutige globale Marktstellung von P&G kann als Beleg für die Richtigkeit dieses rigorosen Ansatzes gesehen werden. Procter & Gamble hat durch den Verlust von Schlüsselpersonen sicherlich immer wieder auch viel Wert vernichtet, z. B. im Fall der erfolgten Übernahmen von Wella, Gillette und Ambi Pur.

Es ist jedoch schwierig, mit einer nicht quantifizierbaren Wertvernichtung in Einzelfällen den grundsätzlich erfolgreichen Ansatz des Konzerns in Frage zu stellen.

3.2.3 Aus zwei Unternehmenskulturen eine machen

Sicher die schwierigste, aber auch die im Endeffekt erfolgversprechendste Vorgehensweise ist es, kulturelle Barrieren durch Integration beider Kulturen zu entfernen.

Dabei ist es sicherlich nicht zweckmäßig, einen „Best of both worlds"-Ansatz zu wählen. Vielmehr sollte kommunikativ auf eine „neue" Kultur für das „neue" Unternehmen gesetzt werden, die zwar unterschiedliche Elemente hat, diese aber nicht dogmatisch den beiden vorherigen Unternehmensteilen zuordnet.

Der hierfür notwendige Veränderungsprozess ist langwierig, aufwändig und mit Risiken behaftet. Aber bei Beachtung einiger Regeln und dem Durchhaltevermögen aller Beteiligten kann man es schaffen. Dieser Ansatz soll die Basis für die weiteren Ausführungen bilden.

3.3 Der Weg nach dem Festlegen der Prinzipien – die neue „kulturelle Währung"

Es wurde bereits betont, wie wichtig eine gute Vorbereitung der kulturellen Integration und ein frühes Angehen dieser Herausforderung ist. Das Erfassen und Dokumentieren einer Kultur ist schwierig, selbst dann, wenn man selbst jahrelang ein Teil der Kultur war. Auf jeden Fall sollte das eng mit der Integration und der Kommunikation verknüpfte Thema am Anfang der Verhandlungen untersucht und später — nach dem Abschluss — nochmals vertieft werden. Eine ehrliche und gründliche Aufnahme wird es ermöglichen, die Interaktionen zwischen beiden Partnern bzw. zwischen ihren Mitarbeitern zu verstärken, weil nicht nur klar wird, wo die Unterschiede liegen, sondern auch, wo eben doch Gemeinsamkeiten bestehen.

Die Probleme einer Cultural Due Diligence – ein Begriff unter dem man die Untersuchung kultureller Unterschiede und Gemeinsamkeiten subsumieren kann, ergeben sich regelmäßig durch die schlechte und schwer interpretierbare Informationslage vor Signing, vor Closing und sogar danach. Denn eine Kultur zu analysieren, erfordert viel Zeit, und sie ist nicht auf Papier zu lesen. Dennoch kann man sich ihr in jeder Phase annähern. Folgende Aspekte sollten hierbei helfen:

Vergütungs- und Anreizmodelle Die in Datenräumen befindlichen und auch sonst verfügbaren Dokumente enthalten häufig Informationen über Gehaltsstrukturen, fixe und variable Bestandteile, Altersvorsorgepläne u. ä. Hieraus lassen sich oft Schlüsse über Erfolgsmessung, grundsätzliche Mitarbeitereinstellungen und die Wichtigkeit einzelner Bereiche ziehen.

Fluktuationsraten Die Treue der Mitarbeiter zu ihrem Unternehmen im Zeitvergleich, aber auch in der Betrachtung einzelner Bereiche, Länder oder in Gesamtheit gibt sicherlich Hinweise darauf, wie verbunden man jeweils dem übernommenen Unternehmen war. Hieraus lassen sich wertvolle Erkenntnisse hinsichtlich der zu wählenden Kommunikationsstrategie gewinnen.

Organisationscharts und Positionsbeschreibungen Auch wenn die Papierform hier sicher nur ein Teil der Wahrheit ist, so ergeben sich sicherlich Hinweise auf den Grad an Hierarchie und zentrale versus dezentrale Strukturen

Eigene Mitarbeiter Es kommt nicht selten vor, dass sich im eigenen Unternehmen Mitarbeiter befinden, die vorher beim Target tätig waren und wertvolle Hinweise geben können. Ebenso haben die eigenen Vertriebsmitarbeiter möglicherweise die eine oder andere Information vom Kunden oder vom „Markt" erhalten, die aufschlussreich ist.

Q&A-Sessions/Managementpräsentationen/Interviews Aufschlussreich sind mit Sicherheit die Q&A-Sessions, die Gespräche unter den Managern, und Präsentationen, um einen Eindruck zu gewinnen, wie agiert wird, wer das Sagen hat oder wie stark die Identifikation mit dem eigenen Unternehmen ist.

Nächster Schritt ist das Schaffen der neuen kulturellen Währung, auf deren Basis eine neue Kultur wachsen und gedeihen kann. Der Name der neuen Organisation ist ein wichtiges Symbol dieser neuen Kultur. Natürlich reichen der Name oder das Logo alleine nicht aus, um Tausende von Beschäftigten für das neue Unternehmen zu begeistern, wenn sie wenige Wochen vorher noch Konkurrenten ihrer jetzigen Kollegen waren. Auf jeden Fall wird beides aber helfen, ein Signal zu setzen, welches ausstrahlt: Hier sind wir! Hier ist unser neues Unternehmen!

So wichtig wie die Symbolik eines neuen Namens ist das Schaffen anderer Elemente der „kulturellen Währung", nämlich Human-Resources-Systeme und Leistungsmessung, die für alle gelten und beide Unternehmen vereinen. Das alles erfordert eine konstante Kommunikation – ein Thema, das im Weiteren detailliert beschrieben wird. Unternehmen, die sich für diese Integrationskultur entschieden haben, müssen aufpassen, dass nicht einer der Partner bevorzugt bzw. der andere zurückgesetzt wird. Gute Gewohnheiten dürfen bleiben, schlechte müssen weichen. Auf diese Weise bleibt immer einiges übrig, das vertraut ist, auch wenn vielleicht auf bestimmte Bequemlichkeiten verzichtet werden muss. Dabei ist es besonders wichtig, den Prozess geduldig zu überwachen und aufzupassen, dass keine Vollstrecker-Mentalität aufkommt, aber auch kein Laissez-faire.

3.4 Erfolgsfaktoren für einen erfolgreichen Change-Management-Prozess

Einer der Haupterfolgsfaktoren, der eine Transaktion zum Erfolg führt, ist die schnelle Einsetzung des neuen Management-Teams. Was auch immer die Differenzen zwischen den Teammitgliedern sein mögen, sie müssen sich nach außen geschlossen präsentieren und ein Exempel statuieren. Auch wenn das Management-Team aus beiden Unternehmen rekrutiert werden sollte, so sollte doch immer die beste Person für die jeweilige Stelle gewählt werden. Weiterhin muss die Top-Level-Organisation so ausgewählt werden, dass das geplante kulturelle Modell auch tatsächlich in die Tat umgesetzt werden kann. Die Manager sind die Hüter der neuen „kulturellen Währung".

Emotionale Aspekte	Politische Aspekte	Rationale Aspekte
▸ Auf gemeinsames Ziel konzentrieren und jeweilige Stärken berücksichtigen/ zusammenführen ▸ Klarheit schaffen über Chancen/Risiken jedes Einzelnen (What's in for me?) ▸ Bewusst mit typischen „Hygienefaktoren" (Firmenwagen, Anreize, Größe des Büros) umgehen ▸ Proaktiv emotionale Themen ansprechen ▸ Jeweilige Triebfedern und Ängste antizipieren	▸ Schnelle und nachvollziehbar über das neue Managementteam entscheiden ▸ Integrationsteam mit angemessener Entscheidungsbefugnis ausstatten ▸ Kompetenz und Erfahrung als Haupttreiber für Besetzungen wählen ▸ Verbindliche Sprache wählen, die das Gefühl des Unterliegens bei den Arbeitnehmern des erworbenen Unternehmens vermeidet oder mindert ▸ Die eigenen Mitarbeiter in Entscheidungen und Kommunikation konsequent einbinden	▸ Marktbezogene Aufgaben und der Sicherung der Geschäftsabläufe Vorrang einräumen ▸ Prinzipien/Regeln der Integration kommunizieren und für Einhaltung sorgen ▸ Ressourcen und Budget zur Bewältigung der Aufgaben bereitstellen ▸ Realistische Ziele und Zeitpläne setzen ▸ Den Projektbeteiligten die passenden Anreize bieten und ihren Beitrag mit dem Gesamterfolg der Integration verknüpfen ▸ Integrations- und Fachbereichsziele sowie Business-Pläne verknüpfen

Abb. 3.3 Drei Hauptaspekte des Change Managements zur Beeinflussung der Veränderung

Wenn das Top-Management-Team etabliert ist, ist es wichtig, Kommunikationskanäle zwischen den beiden Kulturen zu etablieren. Dazu gehören Paten in der jeweiligen Partnerorganisation, gemeinsame Task-Forces, Zusammenlegung von offenen Organisationseinheiten an einem Ort, gemeinsame Events oder Sportveranstaltungen. Gelebter gegenseitiger Respekt, insbesondere von Seiten des Top-Managements, ist eine Grundvoraussetzung, damit überhaupt verständlich wird, was das Positive und Akzeptable an der Kultur des Partners sein könnte. Auf diese Weise wird keine Kultur mutwillig zerstört, sondern beide Teile geben etwas von ihrer Kultur an das neue Unternehmen ab.

Es hilft, Grundregeln aufzustellen und diese den verschiedenen Dimensionen des Change Management zuzuordnen. Die nachfolgende Grafik aus der Praxis soll hierzu als Anregung dienen (Abb. 3.3).

Kulturelle Integration kann nur erfolgreich sein, wenn man beide Kulturen offen und ehrlich auf Herz und Nieren prüft. Auf diese Weise erkennt man schnell, in welchen Bereichen die kulturelle Integration reibungslos verlaufen wird, wo Friktionen auftreten könnten und auch, wo schon große Gemeinsamkeiten bestehen. Solche Stärken ermöglichen es der neuen Organisation, Kraft zu entwickeln und den Weg nach vorne in Angriff zu nehmen. Eine Erfolgsgeschichte, die erzählt, wie schon andere Übernahmen zu einem guten Ende geführt wurden, hilft bei der aktuellen Akquisition. Unsere Erfahrung sagt uns, dass drei Viertel der erfolgreichsten Unternehmenskäufer drei oder mehr Transaktionen in fünf Jahren durchgeführt haben. In einigen Jahren wird die Zahl noch größer sein, die einschlägige Erfahrung ist dann bei vielen Unternehmen noch umfassender.

Der Hauptgrund, warum Manager verstehen müssen, was ihre Mitarbeiter, Lieferanten oder Kunden in der neuen Situation brauchen, liegt in der Notwendigkeit, das Kommunikationsziel zu entwickeln, welches genau an diesem Problem ansetzt.

Fernziel wird immer die Akzeptanz der Transaktion sein, die sich in Zustimmung ausdrückt und später in einer positiven Handlungsweise. Wichtig ist dabei, den Betroffenen das Thema so stressfrei wie möglich zu vermitteln, damit ihre Anspannung nachlässt. Stressfreiheit ist nicht möglich ohne ein stringentes Projekt, das alle Zielgruppen einschließt.

Was bislang noch nicht angesprochen wurde, sind sogenannte Cross-border-Deals oder generell die internationalen Aspekte der kulturellen Integration.

Es gibt sie, die Unterschiede in der Art zu kommunizieren, Geschäfte zu machen oder Dinge zu verstehen. Ein Italiener oder ein Spanier betreiben, auch in Abhängigkeit von der Branche, Geschäfte sicherlich anders als Schweden, Amerikaner oder Polen. Unsere Erfahrungen mit interkultureller Kommunikation und die daraus abgeleiteten Empfehlungen lassen sich in wenigen Sätzen zusammenfassen.

1. Insbesondere in schwierigen Situationen sollte man die Nationalität ignorieren. Man sollte auf die Fakten und sachlichen Themen abstellen und vergessen, welcher Landsmann oder welche Landsfrau da vor einem sitzt. In positiven Situationen sollte man sich jedoch durchaus an den lokalen Gepflogenheiten interessiert zeigen und die auch als Grund für positive Entwicklungen anführen. Beides sollte immer subtil und nie offensichtlich geschehen.
2. Und es gibt hier einen weiteren äußerst wichtigen Aspekt zu berücksichtigen. Selbst wenn wir von der Weltsprache Englisch als Projektsprache ausgehen: Im überwiegenden Teil der Fälle sitzen sich zwei Nicht-Muttersprachler gegenüber. Beide drücken sich daher so aus, wie sie es am besten können. Das, was sie kommunizieren, und vor allem aber das, was beim Gegenüber ankommt, ist nicht immer das, was eigentlich gemeint war.

3.5 Kommunikationsziel(e) klar vor Augen haben

Was kann ein Kommunikationsziel sein? Sicherlich reicht es nicht aus, sich vorzunehmen, die Mitarbeiter von der Sinnhaftigkeit des Projektes zu überzeugen und ihnen klar zu machen, dass sie im Falle von Stellenstreichungen schon anderswo neue Arbeitsstellen und -verantwortlichkeiten finden werden. Sie müssen darauf vorbereitet werden, dass sie in Zukunft zumindest teilweise anders arbeiten werden. Sie müssen dahin kommen, dass sie die neuen Umstände im neuen Unternehmen annehmen und sogar begrüßen.

Von essenzieller Bedeutung ist es in diesem Zusammenhang, dass Nachrichten pro-aktiv übermittelt werden, die mit Gewissheit zutreffen. So wird erstens Gerüchten vorgebeugt, zweitens werden Unsicherheiten vermieden, und drittens wird Anderen ein realistisches Bild der Zukunft vermittelt.

Die Pro-Aktivität bezieht sich auch auf Dinge, über die noch keine Klarheit besteht. Dies ist in frühen Phasen der Transaktion häufig der Fall. Anstatt unsichere Aspekte totzuschweigen, sollte man offen zugeben, dass hierzu noch keine Transparenz herrscht. Viel wichtiger ist es, in diesem Zusammenhang die Prinzipien und Kriterien offen zu legen, nach denen man vorgehen und entscheiden wird.

Im Zuge der Veränderung eines Unternehmens durch eine Transaktion zu entscheiden, bestimmte Stellen zu streichen oder bestimmte Werke zu schließen, bedeutet eine ganz besondere Herausforderung an die Kommunikation. Um jegliche Art von Unsicherheit bei den Mitarbeitern von vornherein auszuschließen, ist es entscheidend, die beschriebenen Schritte so schnell wie möglich durchzuführen – auch wenn das schlechte Nachrichten bedeutet. Dafür brauchen die Akteure Mut und Klarheit. Ihre Berührungsangst hinsichtlich der neuen Mitarbeiter ist nur allzu verständlich: Es besteht Unsicherheit, welche Fragen zu erwarten sind und/oder das Gefühl, keine klaren Antworten parat zu haben.

Ziel in einer solchen Situation muss es sein, den Mitarbeitern, die von Einschnitten nicht betroffen sein werden, nachhaltig ihre Verunsicherung zu nehmen und den Mitarbeitern, die betroffen sein werden, Klarheit über ihre künftige Situation zu geben. Unabdingbar ist die detaillierte Auseinandersetzung und Kommunikation mit der Ratio der getroffenen Entscheidungen. Warum waren diese unvermeidbar? Welche sonstigen Optionen hat man geprüft und warum hat man diese verworfen? Nur eine schlüssige Beantwortung dieser Fragen gibt einem die Chance, die oben genannten Ziele zu erreichen.

Fallbeispiel Pharmaindustrie

Fehlende Kommunikation mit Mitarbeitern des Zielunternehmens beeinflusste auch die Akquisition eines deutschen Pharmaherstellers durch eine Schweizer Pharmaziegruppe. Nach der offiziellen Bekanntgabe fragten sich 18.000 Mitarbeiter, was ihnen wohl die Zukunft bringen würde, und sie warteten auf ein entsprechendes Zeichen des Top-Managements. Fehlende Kommunikation ließ die anfängliche Unsicherheit schließlich in offenes Misstrauen umschlagen.

Erst Wochen später kündigte das Management des übernehmenden Unternehmens an, dass es 5.000 nun überflüssige Stellen innerhalb des Unternehmens streichen wolle. Was nicht kommuniziert wurde, war, welche Standorte betroffen sein würden. Dieser gut gemeinte Versuch verschlimmerte die Lage weiter, anstatt sie zu verbessern, weil die Belegschaft instinktiv das Schlimmste vermutete und weitere Gerüchte aufkamen.

Das neue Unternehmen musste in der Folgezeit viel Zeit und Mühe aufwenden, um die Wahrnehmung der Mitarbeiter zu verändern und endlich aktiv

gegenseitiges Vertrauen aufzubauen – nicht zuletzt, weil die genannten Schwierigkeiten und ihre Effekte den Integrationsprozess in der Zwischenzeit stark ver-
langsamt und kompliziert hatten.

Fusionen und Akquisitionen haben zwei fundamentale Effekte: Sie unterbrechen
Beziehungen, die oft über Jahre hinweg sehr fruchtbar waren. Dann sieht es so aus,
als gäbe es keinen Weg zurück. Andererseits bilden sich natürlich schnell neue Beziehungen, die ohne Fusion nie möglich gewesen wären. Ob sie allerdings als Chance oder als Bedrohung aufgefasst werden, hängt davon ab, wie aktiv und effektiv das
Unternehmen kommuniziert und wie gut es die Ressourcen einteilt.

Direkt nach der Transaktion tritt zunächst einmal der Arche-Noah-Effekt auf:
In den meisten Fällen sind von allem und jedem zwei „Exemplare" an Bord. Es gibt
zunächst wenigstens zwei Management-Teams, zwei Lieferantenpools, zwei oder
noch mehr Kundengruppen und auch zwei unterschiedlich orientierte Investoren-
gruppen. Viele der heutigen Transaktionen bringen sogar mindestens zwei unterschiedlich ausgerichtete Nationalitäten und Regierungen mit ins Spiel.

Die Flexibilität aller Beteiligten wird an diesem Punkt einer harten Prüfung un-
terzogen.

3.5.1   Kommunikationsplanung und -umsetzung konsequent und klar durchführen

Die grundsätzliche Komplexität einer solchen Aufgabe erschwert das Aufstellen
eines Kommunikationsplans. Wer die gesamte Kommunikation in der Integrationsphase nach einer Übernahme oder Fusion managen muss, hat eine anspruchs-
und verantwortungsvolle Aufgabe, von deren Erfüllung vieles abhängt. Daher ist es
sehr wichtig, sich frühzeitig auf die kulturellen Prinzipien des Zusammengehens
zu einigen und auf dieser Basis zügig einen entsprechenden Plan fertigzustellen.
Je schneller man mit Planung und Umsetzung der Kommunikation beginnt, desto
eher werden sich die Mitarbeiter öffnen und sich auf die neuen Verhältnisse einstellen.

Es wird ein zentraler und jederzeit kontrollierbarer Kommunikationsplan benötigt. Dieser Plan muss Ziele beinhalten, Inhalte festlegen und Ressourcen zuord-
nen. Er muss „Meilensteine" enthalten, also feste Termine, an denen Feedback ge-
sammelt wird oder ansteht. Von einem ausführlichen Kommunikationsplan kann
der Fachmann leicht ablesen, bei welchen Zielgruppen das Unternehmen welche
Ziele verfolgt und wie diese hinsichtlich Inhalt und Medien erreicht werden sollen.

Die Notwendigkeit, einen einleuchtenden Plan zu entwickeln, ist sicherlich unbestritten. Die Frage ist nur, wie detailliert er sein muss, um wirklich Effekte zu haben. In der Regel wird der Verantwortliche nicht darum herumkommen, wirklich jeden Stakeholder in seiner Interessenlage zu erfassen. Erst wenn man sich über zu erwartende Haltungen und Reaktionen im Klaren ist, kann man jede Kommunikationsmaßnahme im Einzelnen erarbeiten. Pauschale Kommunikation ist selbstverständlich kontraproduktiv, weil sie naturgemäß das Ansprechen individueller Themenpunkte ausschließt.

Manchmal ist eine Transaktion so angelegt, dass es wichtig ist, die Kernbotschaft von vornherein sehr klar und sehr exakt zu formulieren. Hier geht es auf keinen Fall ohne Profis, die natürlich ihrerseits zu steuern und zu überwachen sind. Jede sensible Information benötigt strenge Kontrolle und eine klare Linie.

Denn der vielbemühte Spruch „You never get a second chance to make a first impression" hat hier absolute Gültigkeit. Ein falsches Wort, ein missverständlicher Satz, ein Detail zu viel, können fatale Folgen haben, derer man nicht mehr Herr wird.

Wer davon ausgeht, dass man sich um die Menschen vor Ort erst nachrangig kümmern muss, und erst einmal den Deal unter Dach und Fach bringen sollte, vergibt eine Chance, die im Zuge der Integration nur kurze Zeit besteht.

Je mehr sich das Team mit Detail-Aufgaben und -Interessen beschäftigen muss, desto stärker werden die zwischenmenschlichen Themen überlagert, auch wenn jeder rein theoretisch weiß, dass sie es sind, die das Projekt zum Scheitern bringen können.

Wenn am Day 1 eine perfekte Pressemitteilung dafür sorgt, dass die Medien die wirtschaftliche Vernunft der soeben durchgeführten M&A-Aktivität ausführlich diskutieren, ist ein Unternehmenslenker leicht geneigt, sich zurückzulehnen und sich zu der soeben erzielten „guten Presse" zu gratulieren. Aber nein, die Probe aufs Exempel ist noch lange nicht abgeliefert, denn wie sieht es intern aus?

Wenn Arbeitnehmervertreter noch Fragen haben, wenn die Beteiligung am Town-Hall-Meeting mäßig war und wenn das Projektteam das Thema Integration noch gar nicht diskutiert hat, dann nützt die beste Presse nichts mehr. Dann muss sehr zügig das nachgeholt werden, was während der Transaktion bereits hätte vorbereitet werden können. Denn anstatt nur eine Pressemitteilung zu erstellen, hätte längst ein Projektsubteam „Integrationskommunikation" etabliert und tätig sein können.

Wie gezielte Kommunikation von Anfang an die Grundlagen für eine wirtschaftliche und menschlich funktionierende Integration bildet, ist sehr stark abhängig von den Gegebenheiten in beiden Unternehmen und dem Grad der geplanten Zusammenarbeit. Beispiele aus der täglichen Beratungsarbeit belegen die Unterschiede, weisen aber auch auf durchgehende Gemeinsamkeiten solcher Projekte hin.

Obwohl die Theorie der Kommunikation einfach ist, scheint die Praxis selten dieser Erkenntnis zu entsprechen. Die am häufigsten angeführte Barriere, die eine Integration verhindert oder verzögert, ist das „Nicht-Erreichen des Mitarbeiter-Engagements" während und nach der Transaktion.

Fallbeispiel Finanzdienstleistungen

Ein sehr positives Beispiel lieferte kürzlich eine Transaktion in der Finanzdienstleisterbranche. Schon vor der Unterschrift plante man eine Informationsveranstaltung an allen größeren Standorten mit Auftritt des gesamten Managements. Dazu kamen Vertreter des Käufers und des Zielunternehmens. Der Aufwand war immens, doch die persönliche Anwesenheit der verschiedenen Verantwortlichen, noch dazu mit einer abgestimmten Botschaft reduzierte die Ungewißheit der Mitarbeiter signifikant. Und auch der Schlusssatz des Top Management machte Eindruck: „Macht Euch keine Gedanken um Euren Job, macht Euch Gedanken wie Ihr Wettbewerber X Kopfzerbrechen bereiten könnt". Das Gefühl der Gemeinsamkeit, das „Wir-Gefühl", war geschaffen, die Botschaft war klar: Der „Feind" sitzt da draußen!

Warum schaffen Unternehmen es oft nicht, ihre erklärten Ziele in Kommunikation umzusetzen und sie zu erreichen? Es gibt viele Gründe, von denen wir einige schon ausführlich behandelt haben: Führung, Planung, ausreichende Investitionen.

Oft liegt der Misserfolg auch in der Angst vor der Verantwortung begründet. Nur weil es eine Kommunikationsabteilung gibt, sind damit noch nicht alle mit Kommunikation zusammenhängenden Probleme gelöst. Niemand außer dem Management, das sich ausgiebig damit beschäftigt hat, kann davon ausgehen, dass alle anderen die Logik der neuen Lösung sofort nachvollziehen können.

Tatsache ist, dass die meisten Betroffenen und Beteiligten in ihrem Denken Monate hinterher hinken, weil ihnen bestimmte Einsichten und Erfahrungen fehlen. Dass sie in so einer Situation unsicher werden und entsprechend reagieren, darf nicht verwundern. Also brauchen sie Antworten, und die müssen von ganz oben kommen, ebenso wie die Grund-Motivation, die am Ende dazu führen sollte, dass die Mitarbeiter sich fragen: „Könnte ich vielleicht für mich selbst im neuen Unternehmen mehr erreichen als vorher möglich war?"

Es geht jedoch nicht nur darum, in eine Richtung zu informieren, sondern es soll wirklich kommuniziert werden, mit Information und Feedback. Um herauszufinden, wie gut man während dieses Prozesses arbeitet, ist das Feedback unbedingt notwendig. Und es ist den Betroffenen ein Bedürfnis, sich zu äußern. So sollte man als Management sich so früh wie möglich und in quartalsweisen oder halbjährlichen Abständen über entsprechende Umfragen oder auf Diskussionsveranstaltungen bei den Mitarbeitern ehrliche Reaktionen einholen.

In vielen Fällen ist dem Management nicht klar, dass – auch wenn es paradox klingt – Nicht-Kommunikation eine deutliche Sprache spricht. Nicht-Kommunizieren ist eine ebenso deutliche wie negative Form der Kommunikation. Der Aussender dieser negativen Botschaft macht gleich zwei Fehler auf einmal: durch sein Schweigen erreicht er auf jeden Fall seine Zielgruppe nicht, sondern wird von dieser als negativer Gesprächsteilnehmer empfunden. Und darüber, was die Stakeholder denken und tun, hat er keinerlei Kontrolle. Aus „ich habe nichts gehört" wird schnell „denen sind wir doch egal" und dann „ich werde nichts dafür tun, dass das neue Unternehmen erfolgreich wird".

3.5.2   Interne und externe Kommunikation abstimmen

Neben der Kommunikation nach innen, die der Integration Hilfestellung leistet, ist bei an der Börse notierten Unternehmen die Kommunikation mit Analysten und Investoren ein wichtiger Erfolgsfaktor für das Gelingen einer Fusion. Eine vernachlässigte oder schlecht geführte externe Kommunikation wirkt nicht nur auf die externen Stakeholder negativ, sondern kann sich demotivierend auf die eigenen Mitarbeiter auswirken und die gute Idee zu Fall bringen.

Der Kommunikationsplan muss deshalb alle Stakeholder/Stakeholdergruppen einschließen, muss Befindlichkeiten und entsprechende Ziele und die passenden Maßnahmen (Zusammenstellung häufig gestellter Fragen und der offiziellen Antworten, Formulierung von Statements des Unternehmens, Veranstaltungen mit Rednern und Redeinhalten etc.) aufführen. Die Umsetzung muss sich eng am Plan orientieren.

Als Grundlage für ein ebenso erforderliches Kommunikationscontrolling kann ein solcher Plan gleichermaßen fungieren. Um die Übersicht über die Zielerreichung bei den Mitarbeitern und externen Zielgruppen zu behalten, empfehlen sich nach ein paar Monaten Interviews mit Meinungsführern und Linienmitarbeitern.

Die Umstände vieler Übernahmen und Fusionen sind sehr komplex, besonders dann, wenn frühere Wettbewerber, die meistens auch die entsprechenden Feindbilder entwickelt haben, sich plötzlich zusammentun.

Kommunikation ist und bleibt ein Top-Management-Thema, muss aber auch von der zweiten Ebene beachtet werden. Wenn man betrachtet, dass die Führungsspitze eines Unternehmens die Richtung vorgeben muss, wird deutlich, dass allein schon dieser Teilaspekt der Managementaufgabe geradezu nach Kommunikation schreit. Wer seinen Mitarbeitern die Richtung nicht klar kommunizieren kann, dem kann niemand folgen. Dasselbe gilt in verstärktem Maße im Rahmen einer

Transaktion. Wer nicht versteht, was das Unternehmen vorhat, kann dem Unternehmen nicht gewogen bleiben und wird den Stress der Integrationsphase nicht durchhalten.

Es ist vor diesem Hintergrund besonderes Augenmerk darauf zu legen, dass Mitarbeiter der unteren Hierarchiestufen die Inhalte der Kommunikation weitestgehend ungefiltert aufnehmen können. Wenn gewisse Informationen und Direktiven von Managementebene zu Managementebene weitergegeben werden, so wird bei der „stillen Post" die Kommunikation Teile ihrer Aussagekraft verlieren. Denn nicht selten sind die Emotionen und Eigeninteressen der verschiedenen Verantwortlichen des Mittelmanagements Grund für Auslassungen und Falschinterpretationen, die der ursprünglichen Motivation nicht gerecht werden. Bildlich kann man von einer „Lehmschicht" sprechen, die durchdrungen oder umgangen werden muss. Mittel hierfür sind direkte Besuche und Gespräche des Top-Managements mit den Werkern und Angestellten in der Fabrik und in den einzelnen Standorten Auch indirekte Medien wie Intranet und Aushänge an den schwarzen Brettern können eingesetzt werden.

Was Übernahmen und Fusionen so herausfordernd macht, ist der notwendige Ausgleich aller berechtigten Interessen. Plötzlich bestehen so viele einander teilweise widersprechende Ansprüche, Wünsche und Forderungen, dass es äußerst schwierig wird, sie alle zu managen, geschweige denn ihnen gerecht zu werden.

Was Sie tun müssen

Entscheidungen über Kulturveränderungen und Kommunikation früh beginnen und detailliert planen: Jeder Zusammenschluss hat seine individuelle Lösung, „was" „wie" geändert werden muss. Wichtig ist das frühe Festlegen auf die entsprechenden Prinzipien, eine frühzeitige und genaue Planung hinsichtlich der Kommunikation sowie die ausreichende Ausstattung des entsprechenden Workstreams mit Ressourcen und Erfahrung.

Kulturveränderungen differenziert und zielgerecht angehen: Change Management darf nicht nur als Kommunikation begriffen werden. Vielmehr müssen Kommunikation, Aktion und sogar Nicht-Aktion konsistent sein und entsprechend abgestimmt werden.

Change Management und Kommunikation als Kernaufgabe der Integration: Sorgen Sie dafür, dass für diesen Workstream ausreichend Erfahrung, Ressourcen und Budget zur Verfügung stehen, und zwar am besten schon dann, wenn sich das Signing abzeichnet.

Kommunikation ist Top-Management-Aufgabe: Vieles kann in diesem Zusammenhang delegiert werden, die Tonalität der Nachrichten, das Auftreten des Managements sowie die Konsistent von Worten und Taten nicht. Denn diese Faktoren sind entscheidend und wirken nur dann authentisch, wenn sie von „ganz oben" und direkt kommen.

Durchdringen der Lehmschicht: Es ist sicherzustellen, dass die ausgesendete Information den Mitarbeitern der unteren Hierarchiestufen Feedback-Möglichkeiten gibt. Nur so entsteht wirklich Kommunikation, die so ankommt, wie sie gemeint war. Das lässt sich nur sicherstellen, wenn man auch unmittelbare Kommunikationsformen (persönliche Gespräche, Townhall-Meetings, Diskussionsrunden) wählt. Ein Kaskadieren über die verschiedenen Managementebenen führt zu häufig zu Verwässerung und Verfälschung.

Prozesse und Strukturen den neuen Verhältnissen anpassen

4

Zusammenfassung

Will ein Unternehmen im Zuge einer Transaktion zur Integration eines anderen Unternehmens Strukturen und Prozesse im Rahmen ändern, dann muss ein Ziel höchste Priorität haben: „Business continuity", also die Absicherung der fortlaufenden operativen Geschäftstätigkeit ohne Verzögerung oder gar Unterbrechung. Denn dem reibungslosen Ablauf der Geschäftsprozesse haben sich die Integrationsaktivitäten zunächst unterzuordnen.

- Eine besondere Dringlichkeit ergibt sich für die Finanzprozesse. Das akquirierende Unternehmen muss das häufig unterschiedlich aufgestellte Zahlenwerk des gekauften Unternehmens zum nächsten Quartals- beziehungsweise Jahresabschluss konsolidieren und berichten.
- Ablauf- und aufbauorganisatorische Veränderungen sind wichtige Faktoren einer gelungenen Integration, denn sie sorgen für verbesserte Operations im Sinne der Transaktions- und Integrationsziele. Dabei sollten auch externe Parteien wie Kunden und Lieferanten einbezogen werden.
- Wenn sich beide Unternehmen ändern müssen, fällt das den meisten Beteiligten, vor allem im akquirierten Unternehmen leichter, als wenn sie selbst sich als die alleinigen „Opfer" sehen müssen.

Sind kulturelle Veränderungen häufig schwer zu erkennen oder deutlich zu machen, so sind Änderungen in Prozessen und Strukturen eindeutig zu sehen und in ihrer Auswirkung mit dem Vor-Transaktionsstand vergleichbar. Wie groß die Pläne in diesem Bereich auch sein mögen, eines muss kurz nach dem Abschluss wie auch im laufenden Integrationsprozess sichergestellt sein: Die Geschäftsprozesse müssen jederzeit stabil laufen, seien es Einkauf oder Verkauf, seien es das Rechnungswesen oder die Buchhaltung. Neue Organigramme, neue Richtlinien oder auch IT-technische Anpassungen dürfen in keinem Fall dazu führen, dass Kunden nicht das

M. M. Habeck et al., *Fusionsfieber 2.0*,
DOI 10.1007/978-3-658-00517-7_4, © Springer Fachmedien Wiesbaden 2013

bekommen, was sie gewohnt sind, dass Lieferketten unterbrochen werden oder keine Gewährleistung für die Verfügbarkeit oder Transparenz von Daten besteht.

Es mag eine lobenswerte Einstellung sein, Dinge im Rahmen einer Integration schnell und tiefgreifend zu ändern, in jedem Fall müssen derartige Vorhaben in ihrem Übergang sorgfältig vorbereitet und mit Fallback-Lösungen versehen werden. Es gilt das Herzstück eines jeden Unternehmens abzusichern: den geordneten und ungestörten Geschäftsablauf.

Fallbeispiel Elektronikindustrie

Ein größerer Elektronikkonzern erwarb einen Produzenten und Händler für elektronische Bauelemente. Eines der sehr ambitionierten Ziele der Integration war, die Online-Handelsplattform, die das gekaufte Unternehmen betrieb und über die es mehr als 60 % seiner Produkte vertrieb, relativ schnell auf die eigenen Server zu ziehen und im gleichen Zuge um die eigene Produktpalette anzureichern. Der Zeitrahmen, den man unbedingt einhalten wollte, lag bei sechs Monaten. Die IT-Probleme, die politischen und durch Ressourcenmangel bedingten Schwierigkeiten waren erheblich. Man vernachlässigte die erforderliche stabile Back-up-Lösung und testete wegen des enormen Zeitdrucks nicht ausreichend. Das Teilprojekt und damit die gesamte Integration wurde ein Reinfall. Die Online-Plattform des gekauften Unternehmens war drei Wochen lang für Kunden nicht erreichbar, der Umsatzausfall und die Verärgerung waren immens. Die Kosten dieses Ausfalls wurden, auch aus politischen Gründen, nie wirklich errechnet.

Eine eindeutige Empfehlung ist das frühe Durchleuchten aller Integrationsaspekte. Dazu gehört es in erster Linie, sich neben den strategischen Ideen auch Umsetzungsproblematiken zu widmen. Und schon vor der Betrachtung des Zielunternehmens erst einmal die eigene Bereitschaft einer Übernahme und Integration zu untersuchen. (Abb. 4.1)

Untersucht man das Zielunternehmen, so sind Financial und Tax Due Diligence immer auf der Liste. Sich aber schon in dieser Phase dezidierte Gedanken über Integrationskonzepte und ergänzende Fragestellungen diesbezüglich zu machen, sind immer noch keine Selbstverständlichkeit. In der Readiness-Assessment- und Due-Diligence-Phase sollte vor allem eine Frage bezüglich des Zielunternehmens gestellt und beantwortet werden: Sind wir uns im eigenen Unternehmen alle einig, (1) dass wir es wollen?, (2) warum wir es wollen?, (3) zu welchen Bedingungen wir es wollen?, und (4) was wir nach dem Kauf damit machen? (Abb. 4.2)

Die anschließende Phase der Integrationsplanung ermöglicht bereits das Verstehen der Detailprobleme. Umfang und Komplexität der Planungsaktivitäten werden

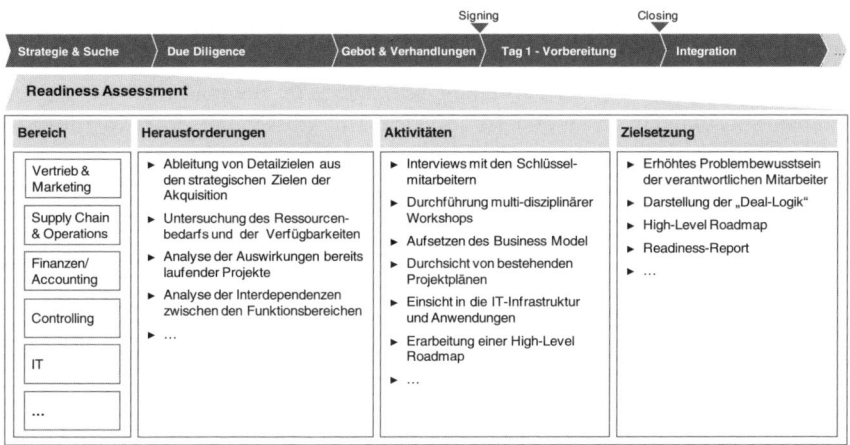

Abb. 4.1 Readiness Assessment: Erarbeitung einer High-Level Roadmap

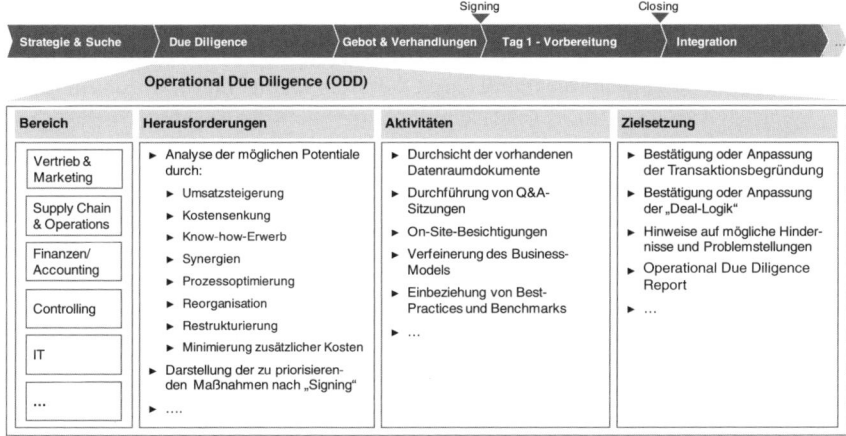

Abb. 4.2 Operational Due Diligence: Synergien und Integrationsvorbereitung

letzte Ungereimtheiten offenlegen, Zeiträume und Kostenschätzungen mit einem neuen Realismus versehen und Verantwortlichkeiten klarstellen. Eines sollte man dabei nicht vergessen: Die in dieser Phase erarbeiteten Grundlagen sind wichtig, aber sie betreffen lebende Objekte, die je nach Erkenntnisstand Änderungen erfahren. Immer neue Anpassungen sollten im Rahmen nicht als Schwäche, sondern als Stärken des Projekts verstanden werden. (Abb. 4.3)

Abb. 4.3 Integrationsplanung: Vorgehen

Die nun folgende Phase der Umsetzung muss durch zwei Prioritäten geprägt sein: 1) Geschäftsabläufe sollten so wenig wie möglich gestört werden, 2) Das Team muss sich immer wieder auf die wichtigsten und drängendsten Themen fokussieren. (Abb. 4.4)

Irgendwann ist das Projekt abgeschlossen und das Linienmanagement muss wieder übernehmen. Diesen Zeitpunkt sollte man gleich nach Closing definieren, auch, um Umsetzungsdruck zu erzeugen. Kurz vorher sollte man die Projektbeteiligten, die noch nicht durch neue Rollen und Verantwortlichkeiten abgelenkt sind, zusammenbringen: Ziel dieser Zusammenkunft ist es, die guten und schlechten Erfahrungen auszutauschen und, wenn nicht schon im Laufe des Projektes geschehen, zu dokumentieren. Die Erfahrungen und Best Practices nicht zu nutzen, wäre grob fahrlässig. (Abb. 4.5)

4.1 Die Operational Due Diligence spart Zeit und mindert Risiken

Es zieht sich durch unser Buch: Früh anfangen und sich gründlich vorbereiten. Dies gilt auch und im Besonderen, wenn es um Prozesse und Strukturen in beiden an der Transaktion beteiligten Unternehmen geht. Man kann aus einer Financial Due Diligence und aus den klassischen Datenräumen begrenzte oder gar keine Einsichten bezüglich dieses Themas gewinnen. Daher sollte bei jeder Transaktion zum frühestmöglichen Zeitraum auf eine Operational Due Diligence und eine IT Due

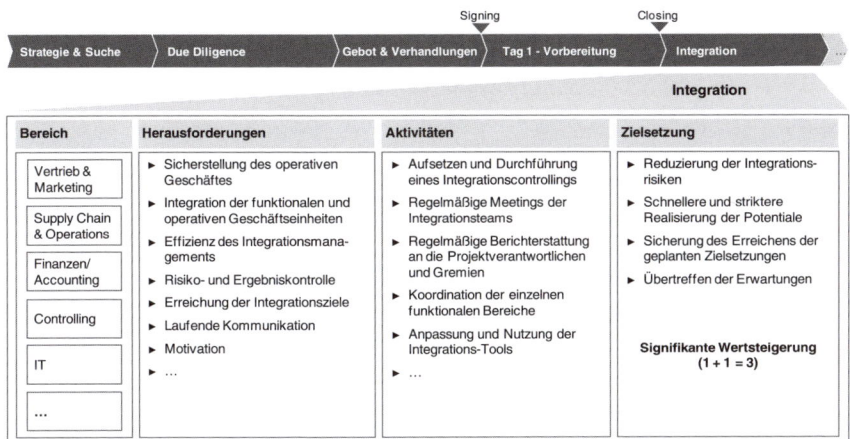

Abb. 4.4 Post Merger Integration: Umsetzung der Integration

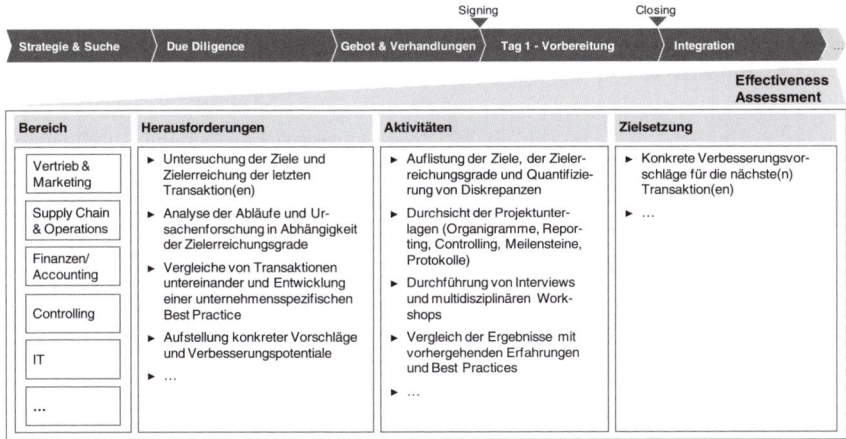

Abb. 4.5 Effectiveness Assessment: Spezifische Empfehlungen und potentielle Verbesserungsmöglichkeiten für die Zukunft

Diligence hingewirkt und die entsprechende Offenlegung von Informationen verlangt werden.

Datenschutz, Compliance und auch wettbewerbsrechtliche Umstände werden die erstrebenswerte vollständige Transparenz verhindern, dennoch lassen sich wertvolle Erkenntnisse aus Dokumenten, Interviews und Vor-Ort-Besuchen gewinnen. Sie lassen Schlüsse zu auf Zeiträume, Aufwände und Risiken von Anpassungen der Strukturen. Gleichzeitig vermeiden die Unternehmen damit, falsche Erwartungen an die Transaktion zu wecken. In manchen Fällen können bei einer derartigen Due Diligence auch die Konsistenz und Logik der präsentierten Zahlenwerke infrage stellen – im Extremfall sogar die gesamte Transaktion.

Fallbeispiel Private-Equity-Industrie

Ein Private-Equity-Unternehmen wollte im Rahmen seiner Buy-and-Build-Strategie sein bereits drittes Medizintechnikunternehmen erwerben und mit den anderen beiden zusammenführen. Die Vergangenheitszahlen des Zielunternehmens zeigten abnehmende Umsätze und noch stärker abnehmende Gewinne. Im Rahmen eines Restrukturierungsprogramms und eines gleichzeitigen IT-Release-Wechsels sollte das Unternehmen wieder zu alter Stärke geführt werden. Das PE-Haus beauftragte in der Folge eine umfangreiche Operational Due Diligence und eine IT-Due Dilligence, um die Aussichten dieses Turn-around-Programms besser beurteilen zu können.

Das kombinierte Due Diligence-Team kam zu ernüchternden Ergebnissen: Die IT war ohne ausreichende Anlehnung an die zu unterstützenden Prozesse eingeführt worden. Das Unternehmen hatte aus Angst vor den anstehenden immensen Aufwendungen aufgrund der dringend notwendigen Prozessanpassungen mehrere Release-Wechsel verstreichen lassen und war somit weit hinter die Konkurrenz zurückgefallen. Die Berater wurden deshalb auch um Einschätzungen der Projektkosten gebeten, die es ermöglichen sollten, diesen Rückstand wiederaufzuholen.

Wegen dieser desolaten Situation lagen die Vorstellungen über den Kaufpreis zwischen Verkäufer und PE-Haus weit auseinander. Der Deal fand nicht statt.

Die verkaufswillige Konzernmutter des Unternehmens musste deshalb im Anschluss die Sanierung mithilfe hoher zweistelliger Millionenbeträge selbst in die Hand nehmen.

So wie die Financial Due Diligence das Sammeln von Informationen vorsieht, um herauszufinden, ob das Unternehmen ein lohnendes Target ist, so sieht die Operational Due Diligence die betriebliche Perspektive. Diese Due Diligence muss letztlich eine relativ einfache pragmatische Frage beantworten: Ist das Unternehmen ein operativ gut oder schlecht aufgestelltes Unternehmen? Könnte ein neuer Eigentümer mit einer gezielten Herangehensweise und mit mehr Fortune tatsächlich Mehrwert schaffen? Um hier herauszufinden, was die operativ Verantwortlichen von der Fusion erwarten – inhaltlich und hinsichtlich des Zeitrahmens und des Umfangs, ist die einfachste Methode, diese Beteiligten direkt zu fragen. Mit dem entsprechenden Fachwissen und der einschlägigen Erfahrung, mit der z. B. das

Problem einer schlechten Produktivität eindeutig identifiziert werden kann, stößt man sofort an die Wurzel des Übels vor. Persönliche Interviews sind hilfreich. Aber hier ist vielen Unternehmen der Aufwand einfach zu hoch, gerade in einer Phase, in der man noch nicht sicher weiss, ob man überhaupt zum Zuge kommt.

4.2 Selektive Änderungen sind die schwierigsten

Die meisten der Integrationen sind in der Mitte angesiedelt, das heißt, sie wollen möglichst das Beste aus beiden Welten erhalten und weiterentwickeln. Derartige Vorhaben gestalten sich in der Regel schwieriger als die Extremvarianten „gar nicht Integrieren" und „vollständig Integrieren". Denn Prozesse haben sich disziplinübergreifend eingespielt, was nicht nur positive Aspekte hat.

Hier einen Prozess oder Funktionsbereich auszuwählen und anpassen zu wollen, während andere unverändert bleiben sollen, ist mit großen Risiken behaftet. Die Schnittstellen werden nach so einem begrenzten Manöver nicht mehr passen. Wenn man allerdings ein derartiges Vorhaben in größerem Stil angeht, so kann sich fast noch schneller ein Suboptimum ergeben. Anstelle von zwei in sich eingespielten Systemen mit funktionierenden Schnittstellen zum Absatzmarkt und zu den Lieferanten, bekommt man eine Mixtur aus den jeweils für besser gehaltenen individuellen Prozessen und Funktionsbereichen, die gar nicht zu ihrer Umgebung passen und deshalb auch kaum zum Erfolg führen werden.

Jede zu integrierende Funktion und jeder Prozess müssen individuell und in ihrer Bedeutung für die Gesamtheit des neuen Unternehmens betrachtet werden, um hier zu einer optimalen Lösung zu gelangen. Diese Aufgabe ist nicht trivial, denn um den Änderungsbedarf zu bestimmen, müssen die Zusammenhänge und Schnittstellen in beiden Unternehmen beleuchtet werden. Dazu bedarf es eines holistischen Ansatzes, der die Meinungen und Bedarfe aller Fachbereiche einbezieht.

Wichtig ist auch, ein klares, künftiges Gesamtbild vor Augen zu haben. Dies kann tendenziell mehr Aspekte des einen oder anderen Unternehmens enthalten, man sollte aber bereit sein, auch ein durchaus komplett neues Konzept zu prüfen, in welches dann beide „Welten" migriert würden. Zumindest kulturell wäre dies unter Umständen der einfachere Weg, da keine Seite „unterlegen" wäre. Der Charme dieses Ansatzes besteht auch darin, dass man das neue Unternehmen, bezüglich seiner Marktposition und -aufstellung, seiner Prozesse und Kundenpositionierung neu erfinden könnte – und das unter Berücksichtigung der nun gebündelten Kräfte.

Dieser aufwändige Ansatz kommt sicherlich nicht in allen Fällen infrage, aber zumindest bei in etwa gleich großen Partnern könnte er eine Option sein.

Wie wichtig und ergebniswirksam die explizite Einbeziehung der Operations in die Vorbereitung und Durchführung der Transaktion sein kann, zeigt das folgende Beispiel aus unserer Praxis.

Fallbeispiel Medizintechnik

Die Übernahme des Medizintechnikbereichs eines japanischen Elektrokonzerns durch einen US-Wettbewerber war von vornherein auf die greifbaren Ergebnisse ausgerichtet. Es ging in erster Linie darum, nicht nur den Markt zu konsolidieren, sondern auch das Marktangebot. Gleichzeitig war es das Ziel, Vertrieb und technischen Kundendienst entsprechend zu rationalisieren. Zudem sollten Synergien in der Supply Chain realisiert werden, und zwar im internationalen Produktionsnetzwerk und in der Logistik. Ganz wichtig war dem übernehmenden Unternehmen auch die Konsolidierung des Produktspektrums, sofern die Produkte nicht komplementär waren. Es sollte eine fokussierte, profitable Produktpalette angeboten werden. Eine Ausweitung mit Neuentwicklungen war nicht vorgesehen.

Der japanische Konzern sah die Medizintechnik nicht mehr als Wachstumsfeld und hatte den global aufgestellten bisher voll integrierten Bereich deshalb zur Desinvestition freigegeben. Das Beratungsteam wurde bereits in der Due Diligence-Phase eingesetzt, u. a. um die anstehenden „Carve-out"-Themen zu bearbeiten. Das nach den Erkenntnissen aus der Due Diligence aufgesetzte Integrationsprojekt wurde so konzipiert, dass nach der Bearbeitung der Carve-out-Erfordernisse die Operations in den Fokus traten. Zunächst wurde der Schwerpunkt auf Marketing und Vertrieb gelegt. Parallel dazu wurden die wichtigsten Unterstützungsfunktionen und -prozesse wie IT, Rechnungswesen und Personal in Angriff genommen und auf die neuen Verhältnisse angepasst. Die nächsten Schritte galten einem integrierten Logistikkonzept.

Der Erfolg dieser Transaktion lag eindeutig in der frühen Einbeziehung des Beraterteams, das in enger Zusammenarbeit mit den internen Funktionen den reibungslosen Übergang des Unternehmens zum neuen Besitzer ermöglichte. Besonders hervorzuheben ist die völlig vermiedene Störung der operativen Abläufe und der Kunden-/Lieferantenbeziehungen. Die frühe Fokussierung auf die Herausforderungen der Integration und das Vorwissen aus der Due Diligence machten diesen Anfangserfolg möglich. Dazu kam das kompromisslose Einbeziehen der wichtigsten Mitarbeiter in die Integrations-Arbeitsgruppen, die zu mehreren Arbeitssitzungen beim Käufer wie beim verkauften Unternehmen jeweils vor Ort zusammenkamen.

Im weiteren Verlauf wurden auch die geplanten Synergien in Vertrieb und Logistik realisiert. Aktivitäten zu diesem Ziel waren eine Reorganisation und Angleichung der Vertriebsstrukturen verbunden mit dem Abbau von Personal. Anschließend wurde die Logistikstruktur gestrafft und den neuen Bedürfnissen angepasst. Die enge Zusammenarbeit der beiderseitigen Mitarbeiter trug darüber hinaus entscheidend dazu bei, dass die Transaktion nicht nur Synergien realisierte, sondern das Unternehmen von Day 1an am Markt erfolgreich aktiv war.

Hat eine Transaktion aufgrund der raschen und nachhaltigen Integration der Operations den gleichen Erfolg wie im oben aufgeführten Beispiel im Bereich Medizintechnik, so erhält das Management dadurch nicht nur Rückendeckung gegenüber den externen Stakeholdern, sondern auch innerhalb der neuen Organisation. Dieser Vertrauensgewinn aus der Anfangszeit hilft der Organisation, auch eventuelle Rückschläge in den folgenden Monaten leichter zu verkraften.

Fallbeispiel Internet Shop

Ganz starke Betonung auf Prozesse gab es bei einem weltweiten Online-Shop, der Bekleidung verkauft und in Deutschland kürzlich ein kleines erfolgreiches Internet-Modegeschäft akquirieren wollte. Schon während der Due Diligence wurde das Thema Integration virulent und zwar im Zusammenhang der Anpassung der Prozesse.

Hier reichte die Integration weit über das Kulturelle und den personalwirtschaftlichen Aspekt hinaus. Es ging um Zusammenarbeit und zwar in der gesamten Supply Chain. Die Operational Due Diligence erwies sich dabei als erfolgskritisch. Die Aufgabe lautete, die Komplexität der voneinander abhängigen On- und Offline-Prozesse zu erfassen und hinsichtlich der Liefertreue und des Retouren-Managements zu untersuchen. Dabei kamen mithilfe des „Data Rooms", diverser Vor-Ort-Besuche und Personalinterviews die Waren- und Informationsflüsse auf den Prüfstand. Das heißt, es mussten große Datenmengen in kurzer Zeit verarbeitet werden, um rasch einen Überblick über mögliche Problemfelder oder Inkonsistenzen zu erhalten.

In kurzer Zeit entstand ein klares Bild der verschiedenen Prozesse, z. B. in Produktion, Bestelleingang, Beschaffungs- und Zahlungseingangs-Management, Lagerhaltung und Verteilung. Damit wurde nicht nur die Entscheidung für den Unternehmenskauf erleichtert, sondern von vorherein geklärt, was in den Prozessen und damit in der Zusammenarbeit gleich zu Beginn geändert werden muss, um von Anfang an zusammen reibungslos zu funktionieren.

So wurde eine Erfolgsstory im Online-Handel durch Bedenken und Einbeziehen der operativen Integrationsprobleme lange vor dem Day 1 begründet.

Dass bei diesem Projekt die Effizienz der Arbeit des neuen gemeinsamen Unternehmens nicht lange auf sich warten ließ, versteht sich nach einer so gründlichen Vorbereitung und der danach zügig erfolgten Integration von selbst.

4.3   Höchste zeitliche Priorität für Finanz- und Compliance-Themen

Schon zwischen Unterschrift und Abschluss sollte man sich im Besonderen den Finanz- und Compliance-Themen widmen. Der nächste Quartals- oder Jahresabschluss ist nur einige Wochen entfernt und das Zahlenwerk des gekauften Unternehmens muss erst verstanden und harmonisiert werden, bevor es konsolidiert und berichtet werden kann. Selbst wenn beide Unternehmen den gleichen Rechnungslegungsstandard anwenden, so ist dennoch nie eine Plug-and-Play-Lösung möglich.

Bereits vor Vertragsabschluß ist es möglich, gewisse Informationen auszutauschen, um den Prozess der Finanzintegration zu beschleunigen. Die Richtlinien hinsichtlich der Rechnungslegung sowie Fristen und Abläufe der Abschlüsse sollten dem Zielunternehmen frühzeitig an die Hand gegeben werden, damit dieses prüfen kann, wie groß der Arbeitsaufwand der Angleichung sein wird. Nicht selten muss man für den nächsten relevanten Abschluss mit Not- und Vereinfachungslösungen arbeiten. Denn der Zeitraum von meist nur wenigen Wochen und die erst nach Closing vollständig vorhandene Transparenz lassen andere Möglichkeiten nicht zu. Hier sollten frühzeitig die Wirtschaftsprüfer eingebunden werden, um das Machbare mit dem aus Prüfersicht Akzeptierbaren abzugleichen. In solchen Fällen sind Excel-Lösungen und erhöhte Wesentlichkeitsgrenzen fast schon die Regel.

Auch bei der Erarbeitung von mittel- und langfristigen Konzepten in diesem Bereich kommt es hinsichtlich des Aufwandes und der Komplexität oft zu Überraschungen. So sind die Unterschiede in den Interpretationen und Auslegungen des beiderseitig angewendeten Rechnungslegungsstandards (bspw. der IFRS) überraschend groß.

Um Änderungen in den Rechnungslegungsstandards herbeizuführen, ist es in den meisten Fällen eben nicht mit einem Dutzend Umbuchungen getan. Es muss auf breiter Front nicht selten die ganze Philosophie der Datenerfassung und -übertragung verändert werden. Diese greift meist weit in die Konfiguration der ERP- und der Vorsysteme ein.

Keinerlei Verzug erlauben darf man sich bei Compliance-Themen. Wenn man nach dem Abschluss die Kontrolle über das erworbene Unternehmen hat, sollte man sich schnellstmöglich ein Bild über die Prozesse und sonstige Geschäftsgepflogenheiten verschaffen. Der Käufer hat die Verantwortung gegenüber seinen Aktionären und der Öffentlichkeit, hier für die entsprechende Korrektheit zu sorgen. Bestünde hier ein größerer Änderungsbedarf und bliebe dieser zunächst unentdeckt, so würden entsprechende Verfehlungen dem neuen Eigentümer zulasten gelegt.

4.4 Greifbare und nachhaltige Ergebnisse verfolgen und realisieren

Wenn die Erfolge, die erzielt werden, zu klein und unbedeutend sind, erhält der Außenstehende leicht den Eindruck, dass sich das Integrationsteam um Details kümmert und das große Ganze aus den Augen verloren hat. Grundsätzlich ist ein solches Vorgehen aber kein Problem, wenn das Unternehmen sich um schnelle und möglichst auch aufmerksamkeitserregende Erfolge in Bereichen bemüht, die offensichtlich eine schnelle Gewinnmitnahme ermöglichen. Unternehmen, die sich gemeinsam mehr Marktmacht und Marktanteil versprechen, als es die bloße Addition beider Geschäfte möglich gemacht hätte, können strategisch sehr gut zusammenpassen, auch wenn das auf der Mitarbeiterebene nicht immer so klar gesehen wird. Prozessuale und organisatorische Veränderungsthemen, die ineinandergreifen und in der vollen Ausprägung auch an der Kostenfront große Erfolge erzielen können, werden dann zunächst zugunsten der gemeinsamen Marktbearbeitung hinten angestellt. Es kann aber auch genau umgekehrt sein, dass z. B. erst die gemeinsamen Prozesse und Strukturen beiden Unternehmen die erforderliche Marktnähe ermöglichen. In beiden Fällen erzielt man auf der Kosten- wie auf der Marktseite schnelle Erfolge.

4.5   Organisationsstrukturen nur dann personell von beiden Seiten besetzen, wenn sinnvoll

Einer der spannendsten Momente im Rahmen einer Integration gilt dem Kommunizieren von Organigrammen. Wer hat wem etwas zu sagen? Wer sind die „Gewinner" und die „Verlierer" im neuen Unternehmen? Wo bin ich selbst angesiedelt? Die Organigramme werden als eines der deutlichsten Signale wahrgenommen. Sie zeigen, wie sehr der übernommene Mitarbeiter gehört wird und welche Rolle er zukünftig in der kombinierten Einheit einnimmt.

Vor dem Hintergrund der in Kap. 3 behandelten Thematik läge es auf der Hand, eine annähernd paritätisch besetzte Organisationsstruktur zu schaffen. Oder man könnte immer das Vorhandensein besonders geeigneter Fach- und Führungskompetenz entscheiden lassen. Doch ganz so einfach ist es in der Realität nicht. Es gibt nämlich keine neutrale Instanz, die hierüber entscheidet. Eines ist sicher: Entscheidungen über so ein wichtiges Thema sollten nicht nur um des lieben Friedens willen getroffen werden. Denn personelle Fehlentscheidungen werden sich nicht nur in Ergebnissen zu einem späteren Zeitpunkt rächen, sie werden bei politischer Offensichtlichkeit auch die Glaubwürdigkeit des Managements und die Motivation der Mitarbeiter reduzieren. Es muss gute, nachvollziehbare und vor allem kommunizierte Gründe für Stellenbesetzungen geben. Ob diese Bedingungen erfüllt sind, entscheidet nicht der Manager aufgrund vorab brillant formulierter Sätze, sondern die Ergebnisse der nächsten Mitarbeiterumfrage.

Sind Lösungen hinsichtlich des Führungskräftepersonals nicht offensichtlich, kann der Einsatz von Assessment-Centern ein probates Mittel sein, diese herbeizuführen. Es empfiehlt sich, eine externe Instanz, z. B. einen renommierten Personalberater, hiermit zu beauftragen oder hinzuzuziehen. Dies stellt den professionellen Verlauf sicher und verleiht der Auswahl Sachlichkeit und Neutralität.

4.6 Die gesamte Supply Chain einbeziehen – intern und extern

Die Gelegenheit, die Supply Chain zu überdenken und zu optimieren, besteht grundsätzlich bei jeder Transaktion. Dies betrifft die Beschaffungsseite ebenso wie die Vertriebsseite bis hin zum Erreichen des Endkunden, der Produkte und Dienstleistungen entgegennimmt. Der Betrachtungsraum sollte dabei nicht nur die internen Prozesse, sondern auch die Lieferanten und Kunden, d. h. die extern Beteiligten, einbeziehen.

Auf der Beschaffungsseite werden die zusammengelegten Einkaufsvolumina schnell als Quick-wins und Haupttreiber von Synergien angeführt. Doch der Einkaufsbereich bietet mehr Potenzial. Die Abläufe, die Anbindung an die Lieferanten wie auch die Neugestaltung von Rabatt- und Konditionensystemen lassen bei ganzheitlicher Konzeption und Neugestaltung noch ganz andere Hebel zu. (Abb. 4.6)

Ebenso ganzheitlich sollte man die Kundenseite betrachten. Gerade im Zuge einer Übernahme muss der Dialog mit jedem einzelnen Kunden gesucht werden, Optimierungswünsche sind aufzunehmen und als Basis für Veränderungen der Vertriebsseite zu nutzen. Dies hat mehrere Effekte. Der Kunde fühlt sich verstanden und eben nicht vernachlässigt, wie so oft im Rahmen von Integrationen erlebt. Das zusammengelegte Unternehmen kann sich bedarfsgerecht am Markt ausrichten sowie die Vorteile beider Vertriebsphilosophien herausarbeiten und nutzen. Nicht zuletzt ist diese Analyse der Kunden, des Produkts, des Services sowie der Preisstruktur immer ein Startpunkt beziehungsweise Auslöser einer Neuausrichtung der Strategiediskussion, für welche Philosophie das neue Unternehmen zukünftig steht.

Beschaffung funktioniert nicht ohne Informationstechnologie. Hier kann man nur sehr schwer wirklich schnell etwas erreichen. Meistens sind die Systeme nach einer Fusion so inkompatibel wie die beiden Kulturen. Wer es eilig hat, muss damit rechnen, dass unbefriedigende Zwischenlösungen entstehen oder Kompromisse, die den Namen nicht verdienen. Aber es ist einer der Prozesse, die man unmittelbar und schnell angehen sollte, denn Quick Wins sind möglich, und auch die längerfristigen anzugehenden Änderungen und Ergebnisse bringen – je früher, desto besser – signifikante Ergebnisverbesserungen.

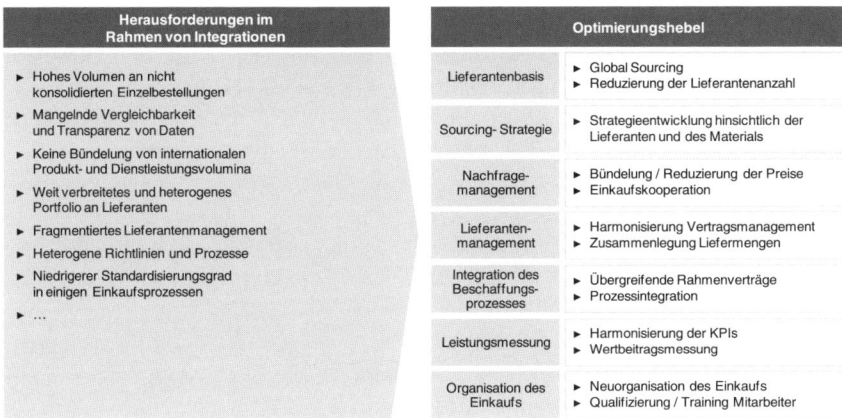

Herausforderungen im Rahmen von Integrationen		Optimierungshebel	
▶ Hohes Volumen an nicht konsolidierten Einzelbestellungen		Lieferantenbasis	▶ Global Sourcing ▶ Reduzierung der Lieferantenanzahl
▶ Mangelnde Vergleichbarkeit und Transparenz von Daten		Sourcing- Strategie	▶ Strategieentwicklung hinsichtlich der Lieferanten und des Materials
▶ Keine Bündelung von internationalen Produkt- und Dienstleistungsvolumina		Nachfrage-management	▶ Bündelung / Reduzierung der Preise ▶ Einkaufskooperation
▶ Weit verbreitetes und heterogenes Portfolio an Lieferanten			
▶ Fragmentiertes Lieferantenmanagement		Lieferanten-management	▶ Harmonisierung Vertragsmanagement ▶ Zusammenlegung Liefermengen
▶ Heterogene Richtlinien und Prozesse			
▶ Niedrigerer Standardisierungsgrad in einigen Einkaufsprozessen		Integration des Beschaffungs-prozesses	▶ Übergreifende Rahmenverträge ▶ Prozessintegration
▶ ...		Leistungsmessung	▶ Harmonisierung der KPIs ▶ Wertbeitragsmessung
		Organisation des Einkaufs	▶ Neuorganisation des Einkaufs ▶ Qualifizierung / Training Mitarbeiter

Abb. 4.6 Ganzheitliche Beschaffungsoptimierung bei Integrationen

4.7 Systeme als Kern der Integration verstehen

Viele Beispiele zeigen, dass ein schnell realisiertes IT-Projekt kontraproduktiv sein kann: Die neuen Prozesse werden schlechter unterstützt anstatt nachhaltig mithilfe eines guten Systems noch verbessert.

Diese Art Problem ist nicht ausschließlich an die IT-Integration gebunden. Es kann auch in anderen Bereichen geschehen, dass zwei komplexe Systeme integriert werden müssen, die erfolgskritisch sind.

Sicher ist: IT spielt bei allen Integrationsprozessen eine Rolle, sie ist oft die Achillesferse. Synergien lassen sich häufig nur dann realisieren, wenn man Prozesse optimiert und Skaleneffekte nutzt. Die Basis solcher Änderungen oder Verbesserungen entsteht nur mittels Datentransparenz und erfolgreich integrierter Systeme.

Derartige Transformationsprozesse bedeuten immer eine besondere Herausforderung, denn es darf nicht zum Systemausfall kommen. Schließlich hängen an Änderungen von IT-Applikationen immer auch die entsprechenden Prozesse. Man könnte es auch umgekehrt formulieren: Was immer an Prozessänderungen ansteht, muss in der Folge durch die Systeme abgebildet werden.

In vielen Projekten ist insbesondere die heterogene Struktur von Daten und Informationen eine große Herausforderung. So hat sich bei der Zusammenführung von produzierenden Unternehmen die Angleichung von Stücklisten als ständig wiederkehrende Sisyphus-Aufgabe ergeben. Ebenso verhält es sich mit den Konditions- und Rabattsystemen für Kunden und Lieferanten. Selbst bei vollständiger

Transparenz und geordneter Zusammenführung der Experten beider Unternehmen lassen Ergebnisse und Zukunftskonzepte immer wieder lange auf sich warten. Die Komplexität ist höher als gedacht.

Hier trifft man auf eine omnipräsente Schwierigkeit, die Unternehmen auch ohne Transaktion kennen: IT und operative Geschäftsprozesse müssen zusammenpassen. Beide Bereiche tun sich häufig schwer damit, sich zu verständigen, wer wem etwas vorgibt und wer dieser Vorgabe folgt.

Im Rahmen einer Transaktion ist dies umso schwieriger, da sich nun, grob gesagt, vier Parteien am Tisch befinden, nämlich die Operations- und IT-Verantwortlichen aus zwei Unternehmen.

Von vornherein sollten Manager mit einem erhöhten Zeit- und Ressourcenaufwand für Abstimmung und Konzeptfindung zu diesen Themen rechnen. Sollte man sich nicht von Anfang an dafür entschieden haben, dass eine Person die Initiative führt und die andere sich unterzuordnen hat, so müssen alle Optionen ausgearbeitet und gehört werden, bevor man eine Entscheidung trifft. Ohne diese Vorgehensweise fehlt in der Folge die Akzeptanz für die erarbeitete Lösung.

Die Arbeit fängt bei den künftig zu wählenden Systemen an und hört bei der letzten Detailkonfiguration auf. Wichtig ist es, schnell zu diesem Punkt der Optionsausarbeitung und -bewertung zu gelangen, und danach konsequent zu entscheiden. Sollte sich keine Option als eindeutig beste herauskristallisieren, so muss dennoch eine Entscheidung getroffen werden. Denn eine suboptimale Entscheidung ist in einem solchen Fall besser als keine oder eine verspätete Entscheidung.

Bei der Fusion zweier Chemiekonzerne war die Gretchenfrage bezüglich der IT-Integration schnell gefunden: Wird das SAP des einen oder das Oracle des anderen das führende System sein? Die Fronten schienen schnell geklärt, Optionen mit vielen verschiedenen Unteroptionen und Varianten wurden aufgestellt und so stellte sich eigenartigerweise ein nicht aufzulösendes Gleichgewicht der Vor- und Nachteile ein, abhängig davon, wer gerade präsentierte. Die Konflikte führten zu endlosen Diskussionen, die sich schnell auf das Thema Prozesse ausbreiteten und dann auf elementare Dinge, wie die Strategie des Unternehmens, übergingen.

Der Grund für die schnelle Verhärtung dieses Disputes ist nachvollziehbar: Die beiden CIOs und ihre Organisationen wussten, dass sie mit einer Entscheidung für das jeweils andere System, ihre bisherige Position des Know-how Vorsprungs würden aufgeben müssen.

Das Management hat sich in diesem Fall leider nicht zu einer schnelleren Entscheidung durchringen können, es gab eine 18-monatige Verzögerung des ursprünglichen angepeilten Projektzielzeitpunktes.

Was Sie tun müssen?

Beziehen Sie die Operations frühestmöglich in den Transaktionsprozess ein: Operational und IT Due Diligence sind für eine erfolgreiche Transaktion und Integration unabdingbar. Nur so können die Tatsachen hinter dem Zahlenwerk verstanden werden und es kann eine realistische Einschätzung der Integrationsherausforderungen erfolgen.

Involvieren Sie im Rahmen der Supply-Chain-Anpassungen Kunden und Lieferanten: Nur die Einbindung des gesamten Vertriebsweges bis zum Endkunden und die Einbindung der Vorlieferanten offenbart das ganze Potenzial möglicher Synergien und Verbesserungen.

Bereiten Sie die notwendigen Anpassungen im Finanz- und Compliance-Bereich bereits vor dem Abschluss vor: Hier geht sonst wertvolle Zeit verloren und weitergehende Integrationsaktivitäten könnten massiv gefährdet werden!

Stellen Sie die Nachvollziehbarkeit Ihrer neuen Organisationsstruktur sicher: Politische Entscheidungen erscheinen manchmal sinnvoll. Sie werden das Unternehmen jedoch irgendwann „einholen". Bis zu dieser Erkenntnis besteht die Gefahr der versteckten Demotivation.

Machen sie die Informationstechnologie zu einem Kern des Projekts: Lassen Sie alle Optionen über die Auswahl der künftigen Applikationen und Systemzusammenführungen erarbeiten und dann entscheiden Sie schnell, auch wenn Sie noch keine zu hundert Prozent zufriedenstellende Lösung gefunden haben. Keine oder nur stark verzögerte Entscheidungen sind keine gute Wahl

Gezieltes Projekt- und Risikomanagement sichern den Erfolg ab

5

Zusammenfassung

Ohne ein Management, das mit Systemunterstützung, aber auch mit Erfahrung und Augenmaß ein so anspruchsvolles Projekt leitet, wird es kaum zu einer erfolgreichen Integration kommen. Dabei sind die folgender Punkte von besonderer Wichtigkeit:

- Projektmanagement bedeutet effiziente Koordination der notwendigen Transaktions- und Integrationsaktivitäten mit klaren Verantwortlichkeiten und definierten Meilensteinen. Hierzu gehören auch ein Controlling des Status der Aktivitäten und ein strukturiertes Reporting an die jeweiligen Steuerungs- und Entscheidungsgremien (meistens: Lenkungsausschuss).
- In Abhängigkeit von der Struktur der Integration muss entschieden werden, ob es ein zentrales Project Management Office (PMO) oder sogar mehrere geben muss, falls die Integration z. B. mehrere sehr unterschiedliche Regionen umfasst.
- Daneben ist bei Investitionsentscheidungen dieser Tragweite ein Risikomanagement in jedem Fall erforderlich und bildet neben der reinen Abwicklung einen wichtigen Bestandteil der Transaktions- und Integrationsarbeit.
- Bei Transaktionen, bei denen eine Kartellfreigabe ein längerer Prozess werden könnte oder erst eine neutral vorbereitete Entscheidung (z. B. Synergiebetrachtung bei Joint Ventures) notwendig ist, kann der Einsatz eines „Clean Team" als Teil der Projektstruktur erhebliche Zeitvorteile realisieren.

Fallbeispiel Chemieindustrie

Zwei Unternehmen, die bisher am Markt möglicherweise direkte Konkurrenten waren, sind selten geneigt, sich dem Regime unterzuordnen, das sie „vor die

M. M. Habeck et al., *Fusionsfieber 2.0,*
DOI 10.1007/978-3-658-00517-7_5, © Springer Fachmedien Wiesbaden 2013

Nase" gesetzt bekommen. Da ist es nicht verwunderlich, dass gerade die Leistungsträger sich überlegen zu „neuen Ufern aufzubrechen", andere Mitarbeiter
gegen die Veränderungen mauern, oder Daten plötzlich schwer zugänglich sind,
wenn nicht sogar bewusst verändert werden. Um diese Probleme von vornherein zu vermeiden oder wenigstens abzumildern, muss das Projektmanagement
in einem Transaktionsprojekt schon vor der Integration, aber auch danach, ganze Arbeit leisten. So war enges Monitoring der im Detail geplanten Aktivitäten
der Erfolgsfaktor Nr. 1 in einer Transaktion, mit der ein japanischer Konzern
einen britischen Chemiehersteller erwarb und integrierte.

Schon zu Beginn war klar, dass es neben den finanziellen und strukturellen
Themen Felder gab, die der Integration im Wege stehen würden. Diese waren
eher kultureller und kommunikativer Natur. Daher wurde in enger Zusammenarbeit mit den Kernprojektmitarbeitern des Zielunternehmens eine klare Be-
richtsstruktur für alle Aktivitäten geschaffen, die im Projekt in wöchentlichen
Teamsitzungen besprochen und kontrolliert wurde. Auf diese Weise geriet das
Geschäft keinen Moment außer Kontrolle und wichtige Nutzenpotentiale konnten schnell und für die Mitarbeiter beider Seiten motivierend ausgeschöpft werden. Die Kulturthemen wurden durch engste Einbindung beider Seiten in die
Ausgestaltung der Transaktion und Integration einbezogen.

Um die Durchführung eines straff organisierten Projekts muss man sich heute, wo
Projektmanagement an der Universität gelehrt wird, nicht unbedingt Gedanken
machen – sollte man meinen. Aber während der Transaktion sind eine Vielzahl
von Spezialisten für M&A/Finanz-/Steuer- oder operative Fragen an den Arbeiten
beteiligt und wollen effizient koordiniert werden. In den seltensten Fällen hat das
Unternehmen die Kapazitäten oder das tiefe Verständnis für das inhaltliche Zu-
sammenspiel der eingesetzten Parteien in einem Transaktionsprozess an Bord. Dies
betrifft auch Sonderthemen, z. B. sogenannte „Transitional Service Agreements",
die für die Überführungsphase von Unternehmen, die Teil eines Konzerns waren,
vereinbart werden und in den Kaufvertrag („Sale and Purchase Agreement – SPA")
eingehen.

Daher hat es sich als Erfolgsfaktor herausgestellt, ein Projektmanagement mit
Transaktionserfahrung bereits in der Transaktionsphase aufzusetzen und so auch
Kontinuität in einer möglichen Integrationsphase sicherzustellen.

Das Projektmanagement der Integration sollte dann um Integrationsexpertise
ergänzt werden. Auch hier handelt es sich nicht um normales Projektmanagement,
da ein Integrationsprojekt naturgemäß mehrere verknüpfte Dimensionen hat. In
den meisten Fällen spielen neben den Integrationsfeldern (Vertrieb, Supply Chain
etc.) weitere Dimensionen wie Change Management/Kommunikation oder Syn-
ergie-Management mit hinein.

Darüber hinaus lebt ein Integrationsprojekt von einem kurz getakteten Ablauf aus Konzeptentwicklung, Entscheidung durch den Lenkungssauschuss und Umsetzung des Integrationskonzepts. Nur so kann der Schwung eines Integrationsprojektes aufrechterhalten werden und die Realisierung von Synergien im geplanten Zeitrahmen erfolgen.

Dazu müssen die Integrationsthemen für einen längeren Zeitraum einen festen Platz auf der Agenda des Top-Managements haben. Zu oft werden ein PMI-erfahrenes Projektmanagement und die Aufmerksamkeit der Führungsebene oder eines Lenkungsausschusses als wichtigeAspekte für das nachhaltige Gelingen einer Integration unterschätzt. Nach der Unterschrift wird die „lästige" operative Integrationsarbeit in die Linie übergeben und muss von Managern und Mitarbeitern neben dem Tagesgeschäft erledigt werden. Dass die strategische Begründung und die damit verbundene Chance zur Wertschaffung sich aber nur in der erfolgreichen Integration auswirken können, wird zu oft vergessen.

Aus unserer Erfahrung liegt der Schlüssel zum erfolgreichen Projekt in der Beachtung zahlreicher Faktoren im Rahmen der Durchführung eines Transaktions- aber vor allem Integrationsprojektes. Auf diese Faktoren werden wir im Folgenden näher eingehen.

5.1   Klares Projektziel, klare Inhalte, klare Rollenverteilung auf der Basis der strategischen Begründung

Wie schon im vorhergehenden Kapitel erläutert, brauchen Menschen Orientierung. Eine wichtige Orientierung für Mitarbeiter, Kunden und weitere Stakeholder bei einer Transaktion und Integration ist eine klare Formulierung eines Zielbilds des gemeinsamen Unternehmens und der angestrebten Ziele im Rahmen der Umsetzung. Die pro-aktive Konzentration auf ein gemeinsames Ziel schweißt Mitarbeiter, Abteilungen und auch ganze Unternehmen zusammen. Wenn also die Ziele für die Transaktion und folgende Integration bekannt und quantifiziert sind, von allen akzeptiert und dann auch kontrolliert werden, ist ein wichtiger Schritt getan, zukünftig auch weitere Hürden übersteigen zu können. Das Signal ist gesetzt: Zusammen schaffen wir mehr als allein. Für Kunden zeigt ein klares Zielbild, dass der Geschäftspartner weiß, was er will und dass sich dadurch Vorteile in der Zusammenarbeit ergeben werden. Hierdurch wird in einer Phase der Unsicherheit (die von der Konkurrenz gerne genutzt wird) Stabilität erzeugt. Weitere wichtige Punkte zur Zielerreichung sind:

Starke Führung Im Rahmen einer Integration kann es nicht nur positive Botschaften geben. Es stehen unpopuläre Botschaften und Maßnahmen an und die erfordern

Rückgrat und Durchsetzungskraft. So müssen z. B. Fertigungsstätten zusammengelegt werden, Produktlinien eingestellt werden oder Vertriebsmannschaften neu strukturiert werden, um Synergien zu realisieren und die Integration umzusetzen. Nur wenn das Management mit einer Stimme spricht und Entscheidungen zeitnah und glaubwürdig erfolgen, wird die Mannschaft weiterhin Vertrauen haben.

Dazu gehört auch, dass die Führung sichtbar ist und Entscheidungen gegenüber Führungskräften und Mitarbeitern vertritt, anstatt diese nur top-down verkünden zu lassen. Hier sind kommunikative Charaktere gefragt, die Rückhalt in der Belegschaft haben und sich als Leitfigur positionieren.

Dabei darf nicht vergessen werden, dass die Integration zwischen Menschen stattfindet, deshalb muss das Projektmanagement beide Seiten berücksichtigen, damit die Arbeit nicht als zu einseitig getrieben angesehen wird. Die Berücksichtigung beider Seiten kann durch die paritätische Besetzung des Projektmanagements erfolgen. Oder die Führung von Arbeitsteams wird durch Köpfe aus beiden Unternehmen ergänzt, anstatt die Projektleitung nur beim übernehmenden Unternehmen zu belassen.

Einbeziehung von Schlüsselmitarbeitern Für vorwärtsgerichtete Vorhaben wie Transaktionen und Integrationen werden die Leistungsträger der beteiligten Unternehmen benötigt. Zum einen deshalb, weil sie Zugang zum erforderlichen Detailwissen haben, zum anderen, weil sie die Akzeptanz der Kollegen und damit ihre Unterstützung haben. Dabei ist zu beachten, dass diese Mitarbeiter neben ihrem hohen Detailwissen offen für Veränderung sein müssen und einen solchen Prozess antreiben wollen, weil sie die Chancen für das Unternehmen und sich selber sehen. Dazu gehört seitens des Managements auch eine frühzeitig definierte Anreizstruktur, die die Mitarbeiterkompensation an das Erreichen von Meilensteinen oder quantitativen Zielen (z. B. Synergien) koppeln kann und damit bei Schlüsselmitarbeitern die Motivation erzeugt, die sie für die Zeit der hohen Beanspruchung benötigen.

Auch bei der Besetzung eines Integrationsorganisationsprojekts ist es wichtig, die Schlüsselmitarbeiter des übernommenen Unternehmens einzubeziehen. Die Besten verlassen das Unternehmen zuerst (weil der Wettbewerb sie anspricht oder weil sie ohnehin andere Angebote haben), wenn sie keine klare Perspektive mehr für sich sehen. Da bei Integration in vielen Fällen Positionen zusammengelegt und damit der Positionsinhaber ggf. redundant wird, sollte die Integrationsarbeit eine erste Perspektive für die neuen Mitarbeiter sein, bei der sie sich bewähren können und für eine Rolle im neuen, gemeinsamen Unternehmen qualifizieren.

Ausreichend Kapazität Transaktions- und Integrationsarbeit fällt zusätzlich zum Tagesgeschäft an. Bei der Wahl der Mitarbeiter, die einbezogen werden, trifft es immer dieselben Leistungsträger, die ohnehin den Tisch bereits voll haben. Daher ist es absolut wichtig, Schlüsselressourcen des Projekts die erforderlichen Kapazitäten zur Verfügung zu stellen, damit sie ihren Aufgaben gerecht werden können. Da Transaktionsthemen selten länger vorab geplant werden und die Einbeziehung der Mitarbeiter oft ad-hoc erfolgt, müssen auch persönliche Planungen der Kollegen (Urlaube, geplante Krankenhausaufenthalte) zeitnah abgefragt werden, um nicht in ein Problem zu laufen. Im Extremfall muss eine Vertreterlösung konzipiert werden.

Daneben sollte man sich stets fragen, ob Basisarbeiten nicht temporär durch Externe unterstützt werden können, damit wichtige Mitarbeiter noch ausreichend Kapazität für das Tagesgeschäft behalten.

Fokus „laufendes Geschäft" nicht verlieren Wie bereits erwähnt ist erfahrene Kapazität ein knappes Gut in Transaktionen und Integrationen. Neben dem Kapazitätsaspekt, der dazu führt, dass die Betreuung des Tagesgeschäfts leidet, ist die organisatorische Unsicherheit ein wichtiger Faktor. Jeder Mitarbeiter will wissen, wer sein Vorgesetzter sein wird, wo sein zukünftiger Arbeitsplatz ist und wer seine direkten Kollegen sind. Die Unsicherheit darüber lässt viele Mitarbeiter eine abwartende Haltung einnehmen, die sich auch in der Leistung im Tagesgeschäfts niederschlägt. Kommen noch wirtschaftlich schwierige Zeiten hinzu, kann das Gesamtvorhaben schnell zu einem wirtschaftlichen Desaster werden.

Daher ist es neben der Projektarbeit für die Unternehmensleitung von essentieller Bedeutung, die Augen weiterhin auf das operative Geschäft zu richten und bei ersten Anzeichen eines Rückgangs von Geschäftsindikatoren Ursachenforschung und geeignete Maßnahmen zu ergreifen. Hierzu trägt auch ein gezieltes Risikomanagement, wie später noch beschrieben bei.

Kulturelle Sensibilität Nicht alles, was anders ist, muss schlechter sein. Daher sollte in einem Integrationsprojekt zunächst einmal das Auge für die übernommene Unternehmenskultur geschärft werden. Zugang zu den neuen Kollegen findet man am besten, wenn man auch ihre Unternehmenskultur versteht. Ein mittelständisches, durch den Gründer geführtes Unternehmen hat andere Verhaltensmuster als ein börsennotierter Konzern. Verstärkt wird das Ganze, wenn Ländergrenzen überschritten werden und die Kulturdifferenzen, u. a. auch durch die Sprache, noch verstärkt werden.

Fallbeispiel Tourismusindustrie

Die Übernahme eines gründergeführten Reisespezialisten durch einen internationalen Reisekonzern war schon aufgrund der Führungskultur und der Verteilung der Nationalitäten im Unternehmen eine Herausforderung. Nur durch Beschäftigung mit der anderen Kultur vor dem Start der Arbeiten vor Ort und durch viele Gespräche mit Schlüsselmitarbeitern konnten die Verhaltensmuster des übernommenen Unternehmens verstanden werden. So konnten ein maßgeschneidertes Integrationsvorgehen sowie eine Projektstruktur entwickelt werden, die die Übernahme zu einem Erfolg werden ließen.

Eskalationsprozess Klar definierte Eskalationsroutinen sind ein wichtiger Bestandteil eines effizienten Projektmanagements. Nicht immer kann man sich in der operativen Projektarbeit auf ein Konzept einigen. Gerade bei einem balancierten Integrationsansatz, der nach der besten Lösung aus beiden Unternehmen sucht, kann es zu Differenzen kommen, weil jeder seinen Prozess oder sein Tool als das Beste empfindet. In einem solchen Fall ist es wichtig, kurzfristig eine Entscheidung herbeizuführen, damit die Arbeit weitergehen kann. Ebenso ist bei Blockaden durch Mitarbeiter, die sich der Veränderung verweigern oder bei fehlenden Ressourcen zur Bearbeitung von Themenstellungen eine schnelle Eskalation notwendig, um den definierten Zeitplan nicht zu gefährden. (Abb. 5.1)

Detaillierte Planung Wie schon in vorhergehenden Kapiteln angesprochen, ist die detaillierte Vorbereitung und Planung der Aktivitäten ein absolutes Muss für ein so wichtiges Vorhaben. Dabei kann mit den Planungsarbeiten zur Integration gar nicht früh genug begonnen werden. Spätestens mit der Unterschrift, am besten bereits in groben Zügen im Rahmen der Due Diligence, sollte ein klares Bild des Integrationsvorgehens entstehen.

Wir haben in einigen Transaktionen Verkäufer gesehen, die bereits mit der Abgabe eines Gebots einen Integrations-Blue-Print sehen wollten, um sicher zu sein, dass der Käufer das Unternehmen und seine Mitarbeiter entsprechend einfügen kann. Auch wenn der Preis in vielen Fällen final entscheidend gewesen sein mag, war es von Vorteil, wenn ein Bieter aufzeigt, dass er sich bereits im Detail mit den nächsten Schritten und dem Umgang mit dem Unternehmen beschäftigt hat. Ein strategischer Vorteil ist es allemal.

Die detaillierte Planung der einzelnen Integrationsaktivitäten und begleitender Themen wie Change Management/Kommunikation sowie Synergiemanagement ermöglichen erst den richtigen Aufsatz des Projekts. Dies betrifft die Projektstruktur und erforderliche Kapazitäten zur Bearbeitung der Integration. Idealerweise steigt man in die Detailplanung bereits in einem Team mit ausgewählten Mitarbei-

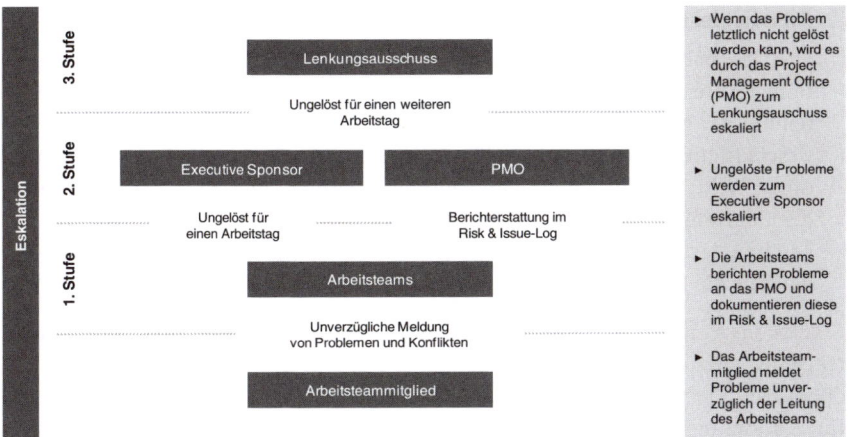

Abb. 5.1 Schnelle Problem- und Konfliktlösung sowie Entscheidungsfindung durch klare Zuständigkeiten und Verantwortlichkeiten

tern des zu integrierenden Unternehmens ein. Das fördert nicht nur das frühe Zusammenwachsen, sondern ermöglicht den Blick auf mehr Details zu einem bisher nur von außen betrachteten Unternehmen.

Dabei ist die Definition von Meilensteinen, die erreicht werden müssen, sowie deren Vernetzung/Abhängigkeit besonders wichtig, damit nachgehalten werden kann, wo das Vorgehen im Vergleich zur Planung steht.

Projektcontrolling/-reporting Das Projektcontrolling/-reporting ist eine Kernaufgabe des Projektmanagements in der Transaktions- und Integrationsphase. Dabei ist es wichtig, die definierte Projektstruktur und deren Arbeitsfelder abzubilden und regelmäßig – meistens wöchentlich – Statusmeetings durchzuführen. Daraus resultierend wird der Lenkungsausschuss über ein fokussiertes Reporting über den Stand der Arbeiten, eventuelle Probleme oder Risiken und benötigte Entscheidungen informiert. Hierbei geht es im Kern um eine Betrachtung der anvisierten Meilensteine und um ihren Erreichungsgrad. Bei absehbarer Verfehlung von Meilensteinen muss das Projektmanagement in der Lage sein, Gegenmaßnahmen einzuleiten, um die Abweichungen zu kompensieren.

Auch Kostenaspekte der Projektarbeit finden Eingang in ein Projektcontrolling und Reporting, um die aufgelaufenen Aufwände im Auge zu behalten und an ggf. definierten Budgets zu messen.

In Ergänzung dazu geht es bei der Umsetzung der Integration beim Controlling/ Reporting der Synergiefelder um den Stand der identifizierten und realisierten Synergien. Hier kann noch unterschieden werden, ob Synergien bereits umsetzungsreif sind, sich noch in der Umsetzung befinden oder bereits wirksam umgesetzt sind. Idealerweise basiert das Synergiecontrolling auf dem Business Case der Transaktion und ist mit dem Controlling des Unternehmens gemeinsam aufgesetzt, damit die passenden Finanzzahlen Eingang in die jeweiligen Bereiche des Unternehmens finden. So sollten Anpassungen im Personal auch zur Anpassung des Stellenplans im Personalcontrolling führen und damit die Umsetzung unterstützen.

Integrationsaktivitäten richtig priorisieren Einfach Teilprojekte festzulegen, bringt Sie der Gesamtintegration nicht näher. Zunächst einmal muss eine schonungslose Bestandsaufnahme gemacht werden: Wie sieht die Situation aus? Was sind die Hindernisse?

Die Anzahl der Projekte, die in der Integrationsphase anstehen, hängt von der strategischen Begründung der Transaktion und der Integrationsstrategie ab. Daneben spielen Unternehmensgröße und Ertragskraft eine Rolle.

Nach der Übernahme der schweizerischen Ciba durch die BASF im Jahre 2009 waren beispielsweise mehr als 12.000 Integrationsaktivitäten zu planen und durchzuführen. Die Integration von Cognis in die BASF-Gruppe ein Jahr später erforderte wiederum 6.177 Integrationsaktivitäten.[1] Ciba, nach Umsatz etwa doppelt so groß wie Cognis, benötigte also annährend die doppelte Anzahl. Der Unterschied lag sicher in der deutlich höheren Komplexität des Ciba-Geschäfts begründet. Dass Ciba lt. Bock bekanntermaßen ein Sanierungsfall war, wird das Seine dazu beigetragen haben.

In jedem Fall sind die Projekte gründlich vorzubereiten:

• Priorisierung der Projekte bedeutet, dass diese unter zwei für das Unternehmen wichtigen Gesichtspunkten bewertet werden müssen: Wie wichtig ist die anstehende Veränderung für unser Geschäft, und welchen Effekt erwarten wir?
• Für ein Projekt, das in dieser Hinsicht nicht kritisch ist, könnte das bedeuten, dass man zunächst alles so lässt, wie es ist, und Veränderungen erst durchführt, wenn die wirklich geschäftskritischen Projekte abgeschlossen sind. Ein kritisches Projekt würde sich zum Beispiel mit der Erhaltung und dem Ausbau eines Wettbewerbsvorteils beschäftigen.
• Neben der Relevanz für das Geschäft ist die Komplexität des Projekts zu berücksichtigen: Komplexität ist hier eine Funktion des gesammelten Know-hows sowie der entsprechenden Ressourcen auf der einen und dem Umfang der an-

---

[1] Nach einem Vortrag, gehalten von Dr. Kurt Bock, BASF, auf dem Deutschen Betriebswirtschaftler-Tag 2012 in Düsseldorf, 26.09.2012.

stehenden Aufgaben auf der anderen Seite. Wenn die Komplexität gering ist, kann das Projekt mit weniger Ressourcen zu Ende geführt werden; bei hoher Komplexität muss dagegen sorgfältiger vorgegangen werden: mehr Ressourcen, schlagkräftige Team-Zusammensetzung mit Mitgliedern aus allen Bereichen usw. Auf diese Weise führen auch die anspruchsvollsten Projekte zum Erfolg.

• Ein kritischer Schritt in der Phase der Projektvorbereitung beschäftigt sich mit der Definition der Begriffe. Die eingesetzte Terminologie muss von beiden Seiten verstanden werden, und zwar von Anfang an. Wenn Bestandsaufnahmen gemacht werden, bevor die Begriffe geklärt sind, sind Projekte, die auf diesen Begriffen aufbauen, von vornherein zum Scheitern verurteilt.

Die Ergebnisse dieser Arbeit geben einen Überblick über die Prioritäten der gesamten Integrationsphase. Die Betroffenen erkennen, was mit welcher Dringlichkeit ansteht. In den nächsten Schritten gilt es dann, die tatsächlichen Risiken zu identifizieren.

Risikomanagement Die traditionelle Regel zum Thema Risikomanagement besagt, dass ein neu fusioniertes Unternehmen auf unvorhergesehene Schwierigkeiten vorbereitet sein muss. Nichts wird so verlaufen, wie es geplant wurde, deshalb müssten – immer entsprechend der alten Regel – mögliche Reaktionen auf auftauchende Risiken vorbereitet werden.

In der heutigen Welt gestaltet sich die Situation ganz anders: Der Wettbewerb ändert sich permanent weit über das hinaus, was erwartet wurde und berechenbar war. Durch vermeintlich überraschende Entwicklungen unterschiedlicher Natur entwickeln sich bedrohliche Möglichkeiten, die ein Projekt oder auch ein ganzes Unternehmen gefährden können. Die Ursachen sind oft im Umfeld zu suchen und können logistischer, regulatorischer oder steuerlicher Natur sein. Oder sie haben ganz andere nicht vorhersehbare Hintergründe. Wer heute fusioniert und zukünftige Wachstumschancen nutzen möchte, muss erkennen, dass die Schnelligkeit, mit der sich der Wandel vollzieht, exponentiell ansteigt. Mit Vorbereitung allein ist diesem Tempo nicht beizukommen.

Es ist ermutigend, dass die Unternehmen die rapiden Veränderungen durchaus als Herausforderung wahrnehmen und nicht gleich nach Remedur suchen. Ebenso wenig stürzen sie sich Hals über Kopf in Abenteuer, deren Ende schwer absehbar ist. Stattdessen stellen sie sich den Veränderungen – mit der Sicherheit des bestehenden Geschäfts im Rücken.

Auf diese Weise geschieht in erfolgreichen Unternehmen das, was ausdrücklich zu empfehlen ist:

Fakt 1: Risikomanagement wird von den Unternehmen tatsächlich betrieben. Wenn viele Unternehmen Tools oder Techniken einsetzen, die etwas mit Risikomanagement zu tun haben, soweist das auf ein wachsendes Bewusstsein hin, denn vor 20 Jahren war Risikomanagement, auch im Zuge einer Fusion, kein Thema.

Fakt 2: Eingehen eines sinnvollen Risikos kann sich positiv auswirken. Das Unternehmen, das erkannt hat, dass die beste Einstellung zum Risiko ist, es pro-aktiv anzugehen, gewinnt entscheidende Vorteile. Je schneller dies geschieht, desto schneller können auch erste Ergebnisse verzeichnet werden. Auch Wachstum ist bei bewusster Wahrnehmung und Kalkulation der Risiken eher möglich, als wenn man die Augen vor ihnen verschließt.

Die Arbeit, die mit der Schaffung und Nutzung einer Risikomanagement-Infrastruktur zu tun hat, braucht Zeit, Aufmerksamkeit und den Einsatz hervorragender Personalressourcen. Hier geht es um Details und um das mühsame Herstellen einer Projektdynamik. Aber Risikomanagement ist machbar und zeigt schnell Wirkung.

Bis hierher wurden beachtliche Fortschritte dabei erzielt, die einzelnen Puzzlestücke des Projekts zusammenzufügen. Das Team hat das Projekt durchdacht, die zugrunde liegenden Fragestellungen identifiziert und einige – aufgrund von Wissen, Erfahrung und verfügbarer Fakten – sortiert und ihnen damit den richtigen Stellenwert zugewiesen. Das Integrationsteam hat sich also tatsächlich einen genauen Überblick über die Risiken verschafft. Der nächste Schritt ist nun, den Ressourceneinsatz zu reflektieren und zu planen.

Alle Mitarbeiter haben systematisch weitergearbeitet und die Risiken klassifiziert. Jetzt steht die letzte und wichtigste Entscheidung an: Die kritischen Risiken sind zu durchleuchten und Entscheidungen darüber zu treffen, ob sie sofort gelöst werden müssen oder eventuell erst später.

Mit Lösung meinen wir, dass Maßnahmen ergriffen und Gelegenheiten genutzt werden, die Risiken zu eliminieren, anstatt einfach den Kopf in den Sand zu stecken. Wenn zum Beispiel an einem Standort ein logistisches Problem besteht, ist das für den Vertrieb ein erhebliches Risiko, denn Ware, die nicht ausgeliefert werden kann, wird vom Kunden nicht bezahlt. Hier kommt also ein Wachstumsrisiko auf das Unternehmen zu, das nur durch die Lösung des logistischen Problems zu eliminieren ist. Pro-aktive Entscheidungen sind hier gefragt. Das Projekt kann aber auch weniger anfällig für Risiken gemacht werden – dann werden die Auswirkungen geringer ausfallen. Auch wenn das eher Risikominimierung als direkte Auseinandersetzung mit dem Risiko bedeutet, muss dieser Schritt bewusst und pro-aktiv durchgeführt werden.

Der Prozess, der zu diesen Entscheidungen führt, muss systematisch angegangen werden. Die Beteiligten müssen sich selbst immer wieder fragen, was der Hintergrund für die Risiken ist, mit denen sie sich konfrontiert sehen. Das Team muss genau erforschen, welche Auswirkungen das Risiko auf andere Bereiche des Geschäfts hat. Und es muss herausgefunden werden, welche Informationen und welche Ressourcen gebraucht werden, um das Projekt auf sicheren Boden zu führen.

Dieser systematische Prozess stammt nicht aus dem Lehrbuch, sondern er hat sich in Transaktionen und Integrationen auf vielfältige Weise bewährt – immer dann, wenn ehrliche und objektive Risikobewertungen für den Erfolg eines Deals entscheidend waren.

Jedes Unternehmen, das eine große Transaktion vollzieht, benötigt in jedem Fall irgendeine Form von Risikomanagement-Infrastruktur. Milliarden-Dollar-Deals betreffen Zehntausende von Kunden und Mitarbeitern, Tausende von Beschaffungsgruppen und individuellen Produktvarianten, die über mehr als 100 Länder verteilt sind. Vor allem Banken sind sich aufgrund der Größe und Kompliziertheit ihrer Kundenbeziehungen bewusst, dass sie ein geeignetes Risikomanagement durchführen müssen.

Hier schafft methodisches Vorgehen Klarheit und setzt dort Schwerpunkte, wo in der Regel Unsicherheit, Sorge, kulturelle Unterschiede und interne wie externe politische Probleme herrschen. Es unterstützt die Organisation dabei, relevante Risiken und Fragestellungen in entsprechender Form zu adressieren. Ferner hilft es, politische Fragestellungen soweit wie möglich aus dem Integrationsprozess zu eliminieren und Objektivität zu erreichen.

Doch der größte Vorteil dieses Ansatzes besteht darin, dass er ein Unternehmen in die Lage versetzt, den Schwerpunkt von Risikovermeidung auf proaktives Risikomanagement zu verlegen. Dadurch, dass die Risiken, mit denen ein fusioniertes Unternehmen konfrontiert wird, minimiert oder beherrscht werden, können die Unternehmen die Wachstumschancen anlässlich von Transaktion und Integration wesentlich besser nutzen – die Teil der Unternehmensvision und Hintergrund der Transaktion sind.

Unterstützende Methoden und Tools Hier muss das Rad nicht neu erfunden werden. Entweder bedient man sich der Projektmanagement-Methoden und Tools, die bereits im Unternehmen angewendet werden und von den handelnden Personen – auch im Lenkungskreis – sofort verstanden werden, oder man nutzt das Rüstzeug externer Berater. Nach einem Anpassen auf den konkreten Fall sollte ein Status-Reporting kurzfristig einsatzbereit sein. Wie erwänt, empfehlen sich ein Einsatz bereits in der Transaktionsphase und eine Anpassung in der Integrationsphase.

Das Synergiecontrolling basiert auf dem Business Case oder ähnlichen Betrachtungen der Transaktionsphase und bildet die identifizierten Synergiefelder ab. Auch hier gibt es Standards, die eingesetzt und auf die konkrete Integration angepasst werden können.

Wichtig ist, dass die Tools und die wesentlichen Indikatoren, seien es Meilensteine, die erreicht werden müssen oder Synergien, die identifiziert wurden und deren Umsetzung nachzuverfolgen ist, abgebildet werden und idealerweise miteinander integriert sind.

Bei Arbeiten über mehrere Geografien bietet sich ein Online-Projektraum an, auf den über das Internet zugriffen werden kann und der damit allen Beteiligten, egal in welchem Land sie arbeiten, die notwendigen Informationen zur Verfügung stellt. Hierbei lässt sich auch sicherstellen, dass nur aktuelle Versionen von Dateien genutzt werden und keine veralteten Arbeitsstände für Verwirrung sorgen. Mit einigen Tools lässt sich auch die Terminplanung und Kommunikation innerhalb der Projektteams effizient steuern und so sicherstellen, dass alle Beteiligten unabhängig arbeiten können und doch aktuell miteinander verbunden sind.

5.2   Clean Team-Projekte aufsetzen

Viele Transaktionen benötigen die Zustimmung der Kartellbehörde. Diese Zustimmung kann, je nach Komplexität (dominante Marktposition, länderübergreifende Transaktion etc.) längere Zeit in Anspruch nehmen. In anderen Fällen kann es notwendig sein, im Vorfeld einer Entscheidung für z. B. ein Joint Venture, Synergien neutral zu analysieren und zu bewerten, ohne dass die beteiligten Parteien Einsicht in detaillierte Daten (z. B. Einkaufskonditionen, Preisgestaltung etc.) erhalten.

Im ersten Fall hilft das sogenannte „Clean Team", Vorbereitungsarbeiten zur Integration unter Beachtung des Kartellrechts zu beginnen und damit wertvolle Zeit zu gewinnen. Im zweiten Fall ist es eine zwingende Voraussetzung, um überhaupt zu einer Entscheidung kommen zu können oder auch ohne Wettbewerbsnachteile wieder auseinanderzugehen.

Für ein solches Vorgehen kann entweder das gesamte Projektteam oder ein definierter Teil als Clean Team aufgesetzt werden. Hierfür sind, grob beschrieben, die folgenden Voraussetzungen zu schaffen:

- Der Aufbau des Clean Teams, die durchzuführenden Analysen und der Prozess der Datenbeschaffung bis zur Übermittlung der Ergebnisse sind zwischen den Parteien abzustimmen und unter Einbeziehung eines oder mehrerer Rechtberater juristisch zu fixieren.
- Der externe Berater übernimmt dann in dem juristisch fixierten Rahmen die Analyse- und Auswertungsarbeiten und stellt diese neutralisiert beiden Parteien zur Verfügung.

- Datenbeschaffung und Detaildatenfreigabe finden unter enger Einbindung der jeweiligen Rechtsberater statt.
- Es wird ein Steuerungskreis aus Vertretern beider Parteien gebildet, der regelmäßig über den Verlauf der Arbeiten und die finalen, neutralisierten Ergebnisse informiert wird.
- Die Daten, die dem Clean Team zur Verfügung gestellt werden, stellt man bei erfolgreichem Entscheid der Kartellbehörde oder Gründung des Joint Ventures den Parteien zur Verfügung. Anderenfalls werden sie durch das Clean Team vernichtet.
- Die Clean room-Vorgehensweise muss so bald wie möglich im Projektteam kommuniziert werden. Grundsätzlich macht sie Projekte komplizierter.

Fallbeispiel Kabelfernsehen

Ein Clean room-Projekt unterscheidet sich von einer normalen Projektorganisation durch einen veränderten Informationsfluss. Bei der Übernahme eines Kabelnetzbetreibers durch einen Konkurrenten war mit einer langen Zeit für die Kartellfreigabe und möglichen Auflagen zu rechnen. Um trotzdem sehr zeitnah nach der Freigabe zum Abschluss zu kommen, wurde in einem Clean Team die Integration der Finanzprozesse vorbereitet. Dazu wurden die unterschiedlichen Strukturen, Abläufe und IT-Systeme verglichen und bereits Überführungslösungen ausgearbeitet, die die Erstkonsolidierung des erworbenen Unternehmens erheblich beschleunigen sollten. Auch wenn der Prozess mit seinen Abstimmungsschleifen über die beteiligten Anwälte aufwendig war, wurde doch in Summe erhebliche Zeit gewonnen, und der Abschluss wurde erfolgreich und kurzfristig nach der Kartellfreigabe durchgeführt.

Was Sie tun müssen

Projektstruktur definieren und Team benennen: Hier gilt früh, eine der Transaktion entsprechende Struktur aufzusetzen und die oben beschriebenen Faktoren zu beherzigen. Falls Sie die benötigten Kapazitäten nicht selber an Bord haben, ist es sinnvoll ein Team mit erfahrenen Beratern frühzeitig an Bord zu nehmen, die mit ihren Erfahrungen die spezifischen Felder einer Transaktion und Integration zielgerichtet unterstützen. Das ist jedenfalls preiswerter als das Scheitern in einer frühen Phase oder das Verlieren von möglichen Synergien.

Risikomanagement groß schreiben: Eine Transaktion erfordert Flexibilität und Kompetenz, birgt aber in hohem Maße Risiken, die ohne gezielte Risikominderung den Erfolg durchaus infrage stellen können.

Clean Team einsetzen: Bei vielen der oben beschriebenen Fälle können Zeit und Sicherheit im Gesamtprozess gewonnen werden, wenn frühzeitig eine neutrale Instanz notwendige Aufgaben in einem rechtlich und datentechnisch sicheren Umfeld bearbeiten kann.

Woher kommen wir und wie geht es weiter?

6

Zusammenfassung

Transaktionen entspringen heute nicht notwendigerweise grandiosen Visionen, sondern sind generell Mittel zum Zweck und werden auch so akzeptiert. Ein Unternehmen, das sie beherrscht, kann sie als Vehikel nutzen, die Unternehmensstrategie (schneller) umzusetzen und so den Unternehmenswert nachhaltig zu steigern. Damit sind Transaktionen letztlich Teil des unternehmerischen Werkzeugkastens und stehen auf einer Stufe mit Six-Sigma oder Lean-Management-Prinzipien.

Strategische und Finanzinvestoren mögen sich in vielem unterscheiden. Gemeinsam ist ihnen allerdings, dass sie die inhärenten Risiken einer Transaktion beherrschen wollen und müssen. In jedem Fall ist das größte Risiko des Investors, dass er zu viel für das Zielunternehmen bezahlt. Um dieses Risiko zu beherrschen, ist es erforderlich, die Möglichkeiten der Wertgenerierung und -vernichtung schon in der Due Diligence zu begreifen. Dazu ist es unerlässlich, das Zielunternehmen operativ wirklich zu verstehen. Dies schließt zwingend die unvoreingenommene Abschätzung der eigenen (operativen) Fähigkeiten und vielfach die Hinzuziehung professioneller Dienstleister ein. Allein das Scheckbuch mitzubringen, reicht nicht aus.

Der Erfolg einer Integration hängt letztlich von der operativen Umsetzung „vor Ort" ab, die nicht mehr nur „vor der eigenen Haustür" stattfindet. Der Trend geht zu Deals in den neuen Wachstumsmärkten, den sich entwickelnden Märkten im Nahen und Fernen Osten. Hier muss der intelligente Investor entsprechende lokale Fähigkeiten erlernen oder sogar Kapazitäten aufbauen, die eine entsprechende Transaktion und auch die Integration „vor Ort" operativ treiben und dann auch umsetzen können. Daneben gilt es, die richtigen Helfer an Bord zu haben.

Insgesamt wird es für Unternehmen entscheidend werden, Transaktionsprozesse (und dies sind nicht nur M&A-Prozesse!) stringent zu gestalten und über

M. M. Habeck et al., *Fusionsfieber 2.0*,
DOI 10.1007/978-3-658-00517-7_6, © Springer Fachmedien Wiesbaden 2013

die Jahre gewonnene Erfahrungen in der Zukunft nutzbar zu machen. Exzellente Unternehmen schaffen es, aus vergangenen Transaktionen zu lernen und auf dieser Basis strukturierte Lernprozesse zu etablieren. Sie bauen so einen „Track Record" auf, der dem Unternehmen selbst und vor allem auch seinen Investoren Sicherheit gibt.

Vor fast 14 Jahren, als „Fusionsfieber" erschien, bestand bei den Unternehmen und ihren Beratern die Erwartung, dass sich die angelsächsische Art der Unternehmensführung durch das Bedienen der Shareholder-Value-Erwartungen mit Hilfe von Transaktionen in aktiver wie auch in passiver Rolle weiter verbreiten wird. In der Tat, diese Prognose vom Ende des ersten Buches hat sich in Kontinentaleuropa ganz grundsätzlich bewahrheitet. Transaktionen sind heute allgemein übliches Managementvorgehen. Die in der gar nicht so fernen Vergangenheit noch bestehende Aufregung bei jeder Transaktion hat sich selbst in der Öffentlichkeit gelegt und ist einem entspannteren Realismus gewichen.

Die Fusion zu einem wirklich globalen Unternehmen, das funktioniert, hat jedoch nicht stattgefunden. Man denke nur an die hier an anderer Stelle ausgeführten Beispiele DaimlerChrysler und Alcatel-Lucent. Auch fehlt es an überzeugenden Fällen, in denen sich ein Vertreter der „alten" Industrie mit einem „neuen" Unternehmen zusammengetan hat (oder umgekehrt), um so traditionelle Wertschöpfungsketten zu verkürzen und tradierte Wertschöpfungsprozesse zu beschleunigen oder sogar gänzlich neu zu erfinden.

Die Anfang 2000 gefeierte 350 Mrd. US$ Hochzeit von American Online (AOL) mit Time Warner in den USA wurde 2009 wieder geschieden[1], trotz einer im Ansatz durchaus interessanten Idee: Die über Dekaden von Time Warner geschaffenen und bisher in den traditionellen Medien von Presse, Film und Fernsehen verbreiteten Inhalte zu digitalisieren und nun auch über das Internet, oder besser, die eigene proprietäre Plattform/Community, noch leichter an den Endkunden zu bringen und wiederholt zu verwerten. Damit sollte der Endkunde letztlich an AOL gebunden werden: AOL als *DER* Zugang zu Nachrichten, und, ganz wichtig, Werbung. Das klang plausibel. Warum musste die Transaktion scheitern? Prinzipiell war an der Strategie wenig auszusetzen, nur berücksichtigte sie nicht die fortschreitende technische Entwicklung. Allerspätestens Mitte der ersten Dekade des neuen Jahrtausends erfolgte der Internetzugang der Endkunden eben nicht mehr per Modem zwangsweise über AOL oder andere Internet-Provider, sondern jeder Einzelne konnte direkt und ohne Intermediäre über Breitband ins Internet gehen und sich sein Unterhaltungsmenü selbst zusammenstellen.

---

[1] In Retrospect: How the AOL-Time Warner Merger Went So Wrong, in: The New York Times, New York edition, 11. Januar 2010, S. B1.

Die Zeit der Kontinente umspannenden Großübernahmen und -fusionen, der „Mega Deals", scheint vorbei. Bis auf wenige Ausnahmen haben alle Großtransaktionen der letzten Dekade mehr Wert vernichtet als geschaffen. Kulturelle Unterschiede ließen sich trotz vieler geschmeidiger Versuche des jeweiligen Top-Managements nicht überbrücken. Die entstehende Komplexität konnte nicht beherrscht werden, und die Märkte und Wettbewerber entwickelten sich auch aufgrund des Einsatzes nicht vorhersehbarer neuer Technologien in vollkommen unerwartete Richtungen.

Dass es allerdings auch anders geht, zeigte die Fusion der US-amerikanischen Ölkonzerne Exxon und Mobil Ende der 1990er Jahre, eine Transaktion, die signifikante Werte geschaffen hat. Statt der angestrebten 2,8 Mrd. US$ an operativen Synergien wurden drei Jahre nach dem Zusammenschluss 3,8 Mrd. US$ erreicht. Daneben entstanden Synergien aufgrund verbesserter Kapitalproduktivität und der nun möglichen Nutzung patentgeschützter Technologien des jeweils anderen Unternehmens. Im Ergebnis ist die Exxon-Aktie gemäß Factset Research Systems in den ersten zwölf Jahren seit Ankündigung der Transaktion um 85 % gestiegen. Man vergleiche dies mit dem gleichzeitigen Anstieg des S&P 500-Indexes um 1,4 %! Nicht umsonst wurde der Exxon-Mobil-Deal später als Urtyp einer Ölindustriefusion bezeichnet, ein Urteil, das man auch heute noch genau so stehen lassen muss.[2]

6.1   Die Transaktion wird bleiben: Sie hat ihren festen Platz in der Umsetzung der Unternehmensstrategie

Wie bereits in diesem Buch an anderer Stelle ausgeführt, wird die Unternehmenstransaktion, sei es nun die Fusion, Übernahme, Abspaltung (oder andersgeartete Veräußerung), weiterhin eine Option zur Verwirklichung einer ehrgeizigen Unternehmensstrategie sein und ist damit auch weiterhin Teil des unternehmerischen Werkzeugkastens. Klar ist auch, dass im Transaktionsumfeld grundsätzlich zyklische Bewegungen erkennbar sind, die regelmäßig mit etwa sechs Monaten Verzögerung der allgemeinen Wirtschaftsentwicklung folgen.

Das kürzlich von Ernst & Young (EY) erhobene *Global Capital Confidence Barometer*[3], eine halbjährlich durchgeführte Befragung von etwa 1.500 Führungskräften weltweit (davon mehr als die Hälfte auf Vorstands- oder Geschäftsführungsebene, die 41 Länder und 24 Industriesektoren repräsentieren), macht – nicht über-

---

[2] Weston J. Fred: The Exxon-Mobil Merger: An Archetype, Anderson School of Management, Year 2001, Paper 23–01.

[3] Ernst & Young: Global Capital Confidence Barometer: Focused on fundamentals, 7th issue, Outlook Oktober 2012-April 2013, Oktober 2012, S. 8.

% Ja-Antworten

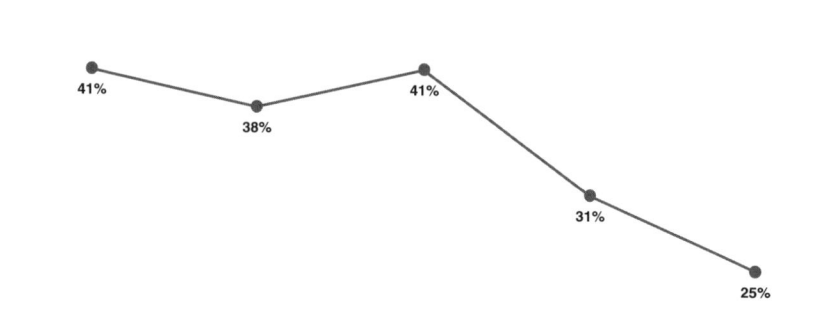

Abb. 6.1 Erwarten Sie, dass Ihr Unternehmen in den nächsten zwölf Monaten Zukäufe tätigt?

raschend – deutlich, dass wirtschaftliche Unsicherheit zu einer erhöhten Risikoaversion führt, was eine geringere Transaktionsintensität zur Folge hat. So planten überhaupt nur 25 % der von EY Befragten, eine Akquisition durchzuführen – ein Wert, der sowohl 12 als auch 24 Monate vorher noch bei 41 % lag. (Abb. 6.1)

Die nachvollziehbare Risikoscheu manifestiert sich darüber hinaus in einem geringen Appetit auf hohe Unternehmenskaufpreise. So sagten 80 % der Befragten, deren Unternehmen eine Akquisition durchführen wollte, dass sie Kaufpreise von weniger als 500 Mio. US$ erwarteten. Etwa die Hälfte dieser Gruppe hatte sogar eine Akquisition für weniger als 50 Mio. US$ vorgesehen. Klar ist, dass es in dieser Größenordnung in der Regel nur um inkrementelle Portfolioglättungen oder Schließung von Angebots- oder Technologielücken gehen kann, und nicht um den apostrophierten „Mega Deal". (Abb. 6.2)

Wir haben versucht, in diesem Buch zu verdeutlichen, dass der Erfolg einer Übernahme oder Fusion schon weit im Vorfeld der Transaktion bestimmt wird. Die Klarheit über den strategisch erforderlichen zukünftigen unternehmerischen Fußabdruck weltweit ist auch Teil dieses Vorfelds. Die Befragten innerhalb des *Global Capital Confidence Barometer*[4] hatten sowohl tradierte Ziele als auch sich entwickelnde neue Märkte im Visier, regelmäßig mit dem Willen, sich neue Wachstumsmöglichkeiten zu erschließen. Daneben spricht die Faktenlage dafür, dass hochentwickelte Märkte in Europa und Nordamerika als Investitionsziel an Bedeutung gewinnen. (Abb. 6.3)

---

[4] Ebenda, S. 9.

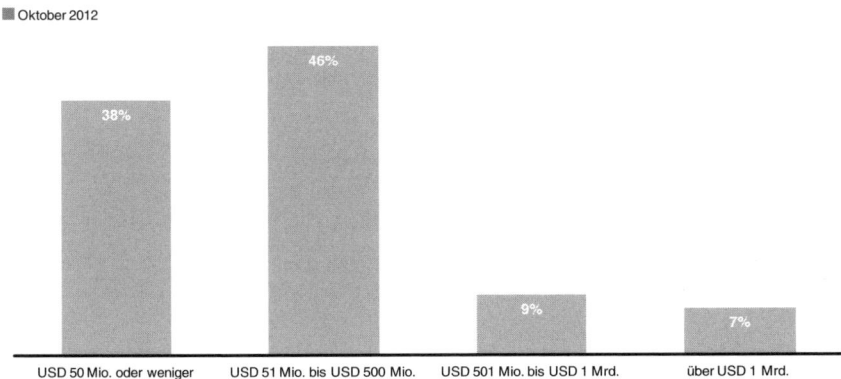

Abb. 6.2 Wie hoch ist der voraussichtliche Transaktionswert?

Abb. 6.3 Investoren der Top-5 Zielnationen

Die USA (als Nr. 2) und Deutschland (als Nr. 5), das in dieser Befragung Indonesien an der fünften Stelle ersetzte, standen auf der Liste der fünf Topinvestitionsziele der Entscheider weltweit oben, aber China (Nr. 1), Indien (Nr. 3) und Brasilien (Nr. 4) komplettierten die Top 5. Während noch vor zwei Jahren die BRIC-Staaten, Brasilien, Russland, Indien und China, in aller Munde waren, ist jetzt festzustellen, dass von Russland als Investitionsstandort zunehmend weniger die Rede ist. Politische Unsicherheit, autokratische Rechtsgestaltung und -auslegung sowie Korruption und Verbrechenskultur erhöhen potentiell das Transaktionsrisiko über das rein betriebswirtschaftliche Risiko hinaus.

Natürlich gibt es auch neue durchaus positive Einflüsse, die das Transaktions-klima eher verbessern: neue Technologien und Anwendungen wie E-Mobilität sowie neue Speichertechnologien zwingen z. B. Automobilhersteller, über für sie mögliche Technologiezugänge fortwährend nachzudenken. Gleichzeitig wird es immer deutlicher, dass die Automobile für die Massenmärkte zukünftig nicht mehr in Zentraleuropa gebaut werden, sondern sehr viel weiter östlich. Dies wird gra-vierende Auswirkungen auf die traditionellen Zuliefererstrukturen haben und auf die entsprechenden Eigentumsverhältnisse. Gleichzeitig bahnt sich ein deutlicher Energiekostenvorsprung der USA an – aufgrund von hohen Schiefergasvorkom-men und dem Willen, diese auch zu erschließen, Das bringt weitere Implikationen für die europäische Industriestruktur mit sich.

Zum Punkt Energiekosten drängen sich Überlegungen zur Entwicklung in den USA auf. Man fragt sich, ob und wann die USA es sich aufgrund der verbillig-ten Energie wieder leisten könnten, industrielle Fertigung und Montage ins eigene Land zurückzuholen. Die resultierende Frage ist, ob im Zuge einer solchen Ent-wicklung nach Jahren des konsequenten „Offshoring" produktionsnaher Aktivi-täten zu einem massiven „Inshoring" kommen könnte. Diese Reindustrialisierung wäre eine großartige Nachricht für den US-Arbeitsmarkt und eine nicht so groß-artige für den europäischen. Und alleine das In-shoring dürfte schon neue Trans-aktionen mit sich bringen, z. B., weil Unternehmensteile reintegriert werden sollen. Als nicht unwichtiger Nebeneffekt ist außerdem zu erwarten, dass ausländische In-vestoren nach einer solchen Änderung der Rahmenbedingungen wieder deutlich mehr in den USA akquirieren, um sich Zugang zu den günstigen Energiequellen zu verschaffen. So sind auch hier neue interessante Konstellationen zu erwarten.

6.2   Risiken beherrschen und dabei Werte schaffen

Transaktionsprozesse, auch die letztendlich abgebrochenen, kosten Geld, viel Geld. So ist im Frühjahr 2013 die Übernahme der niederländischen TNT Express durch den US-Konkurrenten United Parcel Service (UPS) von der europäischen Wett-bewerbsbehörde untersagt worden. Der erforderliche Rückzug von UPS kostete den amerikanischen Paketversender eine an TNT zu zahlende Entschädigung von 200 Mio. EUR. Daneben werden naturgemäß noch Kosten für die unterschied-lichsten notwendigen Due-Diligence-Aktivitäten angefallen sein, die durch interne Abteilungen oder auch durch externe Unterstützer entstanden sind. Nicht zu unter-schätzen ist bei Abbrüchen auch der Umfang der bis dahin im Projekt gebundenen

Managementkapazität. Gerade in diesem Fall hat wohl auch das – letztlich erfolglose – Lobbying der unterschiedlichsten paneuropäischen und nationalen Gremien hohe Kosten verursacht, gerade weil dies in den besonders kritischen Fällen von höchster Stelle im Unternehmen erfolgen muss. Alles in allem wird hier nochmals ein zweistelliger Millionenbetrag verbraucht worden sein.

Auch die 30 Mrd. $ Übernahme des Konkurrenten Xstrata durch den Rohstoffhändler und -produzenten Glencore wird in Bezug auf ihren Erfolg erst in einigen Jahren zu bewerten sein. Glencore verspricht sich durch den Zusammenschluss Einsparungen von rund 500 Mio. US$.[5] Das gleiche gilt für die angekündigte Fusion von American Airlines und US Airways zur weltgrößten Airline mit knapp 40 Mrd. $ Umsatz.

Wie lässt sich nun das betriebswirtschaftliche Transaktionsrisiko so beherrschen, dass der Investor am Ende nicht feststellen muss, leider doch zu viel gezahlt zu haben, weil sich die ursprünglich geplanten Synergien nicht einstellen, weil Annahmen einfach nicht das hielten, was die zugrundliegenden Zahlen versprachen? Wie lässt sich die Transaktion risikoärmer gestalten?

In unserer täglichen Arbeit stellen wir immer wieder fest, dass die am Ende (also dann, wenn abgerechnet wird) erfolgreichen Übernehmer ihren Transaktionsprozess beherrschen, und das von Anfang an! Sie haben ab dem Tag Null eine beeindruckend hohe Prozesssicherheit, sie wissen genau, wann was mit welchem Ziel zu tun ist. Teilweise haben sie aufgrund einer Vielzahl von Transaktionen an Erfahrung gewonnen, die sie immer wieder anwenden und erweitern, teilweise rufen sie gezielt Externe zur Hilfe.

Erfolgsfaktor Nr. 1: Richtig aus der Tür kommen Auf Geschwindigkeit kommt es häufig an. Derjenige potentielle Käufer, der schnell in der Lage ist, operative Risiken abzuschätzen, weil er weiß, welche operativen Sachverhalte für ihn wirklich relevant sind, weil er auch in der Due Diligence seine operativen Leistungsträger effektiv nutzt, wird dies realistisch in sein Angebot einpreisen können. Das verschafft ihm einen Vorteil, wenn es vor und nach dem „Signing" um Planung und später Durchführung der Integration geht. Mit einer realistischen Abschätzung der operativen Risiken sinkt die Gefahr des späteren wirtschaftlichen Scheiterns der Transaktion erheblich.

Gleich zu Beginn der Operational Due Diligence, die zeitlich parallel zur Financial Due Diligence verläuft, muss für den potentiellen Käufer feststehen, wo der Schwerpunkt der Untersuchung liegt und was die zu verifizierenden Hypothesen zu den operativen Prozessen des Zielunternehmens sind. Die Untersuchungsberei-

---

[5] Rohstoff-Riese Glencore schließt Milliarden Fusion ab, in: handelsblatt.com, 02.05.2013, 14:02 Uhr.

che sind auf der Basis vorhandener Erfahrungen einzugrenzen. Nur so lässt sich in kurzer Zeit zielführend zu erforderlichen Schlüssen kommen, und das gefürchtete „Boiling-the-ocean", die nicht enden wollende Agonie im Detail, wird vermieden.

Die Operational Due Diligence ist zentral zu steuern und dezentral anzugehen, denn nur in der Nähe von Entwicklung, Produktion, Vertrieb etc. können die Projektverantwortlichen wirklich ein Gefühl dafür entwickeln, wie das Unternehmen tickt, was passt und was ein potentielles „No Go" ist. Hier muss u. U. bei großen Umfängen, z. B. 22 Standorte oder Werke in drei Erdteilen, eine Risikoabwägung vorgenommen werden, welche Bereiche man zwingend anschauen und analysieren sollte. Operative Nähe, die ein Erfolgsfaktor für die gesamte Transaktion ist, kann nur so hergestellt werden.

Das Team für die Operational Due Diligence arbeitet vor Ort und lernt dabei gleich die wichtigsten Schlüsselpersonen kennen, die später bei der Integration gebraucht werden. Und – was noch wichtiger ist – sie identifizieren die wirklichen Leistungs- und Know-how-Träger, die im Sinne von „Keep the Keepers" unbedingt gehalten werden müssen.

Erfolgsfaktor Nr. 2: Erfahrung wiederkehrend nutzen Aus unserer Sicht ist es für ein Unternehmen elementar, über standardisierte Prozesse zu verfügen, möglicherweise als „Standard Operating Transaction Procedures" dokumentiert und kodifiziert, die immer wieder gleich ablaufen. Nur so weiß das Unternehmen auch bei der übernächsten Transaktion noch, wie die Dinge zu handhaben sind: Welche Prozesse müssen aufgesetzt werden, wie sind die Integrationsteams zu besetzen, was enthält der Kommunikationsplan, wie werden Synergien wirklich operationalisiert, wie eine zielgerichtete Ergebnisverfolgung sichergestellt, und was passiert eigentlich am Day 1? Und das Alles weiß man auch dann noch, wenn die seiner Zeit Verantwortlichen längst neue Aufgaben im Konzern wahrnehmen oder diesen vielleicht schon verlassen haben. Letztlich baut sich nur mit diesen Standards die erforderliche Routine auf, nur so werden wiederkehrende flache Lernkurven, die Zeit fressen, vermieden, und nur so lässt sich auch die Geschwindigkeit im Zuge der Transaktion halten, wenn nicht sogar erhöhen.

Erfahrene oder gut beratene Unternehmen scheuen sich nach der Übernahme nicht, mangelnden Arbeitsfortschritt der Integrationsteams und nur zurückhaltendes „Mitspielen" des übernommenen Unternehmens zeitnah zu eskalieren. Dazu nutzen sie einfache Eskalationsroutinen, die im Sinne einer erfolgreichen Integration wirken. Daneben verstehen sie es, strukturelle und Prozessrisiken systematisch einzuschätzen und auf diese Weise ein klares Verständnis darüber zu erzeugen, was möglicherweise „missionskritisch" sein könnte, um dann unmittelbar korrigierende Maßnahmen einzuleiten. (Abb. 6.4)

Stakeholder-Analyse	Change-Management-Roadmap	Kommunikationsplan
▸ Übersicht über alle Stakeholder die relevant für die Integration und/oder von den Veränderungen betroffen sind ▸ Basis für geeignete Kommunikationsaktivitäten und Veränderungsinterventionen zur Steigerung von Eigenverantwortung und Selbstverpflichtung ▸ Überwachung der Entwicklung aller Stakeholder während der gesamten Integration	▸ Ausrichtung am Kommunikationsplan und anderen zugrundeliegenden Werkzeugen ▸ Definition von Change-Management-Meilensteinen ▸ Workshops mit dem Führungsteam ▸ Ausarbeitung und Implementierung einer Motivationsstrategie für die Mitarbeiter ▸ Interviews mit dem Führungsteam und den Mitarbeitern ▸ Follow-up-Aktivitäten ▸ "Spezialaktivitäten", z.B.: Fotowettbewerb zur Verbesserung der Büroausstattung (bei Carve-out oder Standortwechsel), Briefkasten" für anonyme Beschwerden und neue Ideen im Sinne des Change Managements	▸ Zusammenfassung der Resultate des Kommunikationskonzepts ▸ Übersicht über alle Kommunikationsaktivitäten pro Stakeholder-Gruppe ▸ Ausrichtung aller Kommunikationsaktivitäten am Integrationszeitplan und an den erwünschten Ergebnissen

Abb. 6.4 Schnelle Problem- und Konfliktlösung sowie Entscheidungsfindung durch klare Zuständigkeiten und Verantwortlichkeiten

Gleichzeitig muss Klarheit darüber herrschen, wann das Integrationsprojekt an die Linienorganisation zurückgegeben werden kann. Ist der richtige Zeitpunkt dann, wenn das Budget aufgebraucht ist? Oder gibt es klare Meilensteine, an denen die Entscheidung ansteht? Solche Unsicherheiten kennen die „Profis" nicht. Sie wissen, wie es am besten läuft. So wird in einem professionell abgewickelten Integrationsprojekt die „Linie" zu keiner Zeit aus der Verantwortung entlassen. Das heißt nicht, dass gewisse Themen nicht durch die Projektorganisation effektiver und schneller gesteuert werden. Die Linie muss jedoch in jedem Fall die ultimative Verantwortung behalten. Eine Integration ist eben kein isoliertes Projekt, das die M&A-Abteilung oder das Business Development durchführt. Es ist und bleibt das Projekt der übernehmenden Einheit und entsprechend liegt die Verantwortung beim Linienmanagement und der Leitung der übernehmenden Einheit.

Erfolgsfaktor Nr. 3: Mit der richtigen Kapazität vor Ort sein Je weltumspannender die Transaktionen werden, desto mehr ist die Linienverantwortung kein Indikator für den Ort, an dem die operative Integration stattfindet. Nehmen wir das Beispiel des global operierenden Unternehmens Bosch. Dieser Konzern hat weltweit zahlreiche operative Gesellschaften, so auch in Asien. Für die Betreuung der Transaktionen in Ostasien, im Besonderen in China, wurde in Shanghai ein Integrationsteam aufgebaut, das vom Headquarter gesteuert wird und vor Ort ausführendes Organ ist.

Eine solche äußerst pragmatische Vorgehensweise ist heute deutlich leichter als noch vor einigen Jahren. Extrem gut an den führenden Hochschulen der Welt ausgebildete lokale Mitarbeiter stehen in großer Zahl zur Verfügung. Vor 15 bis 20 Jahren fehlte Absolventen noch der Wille, nach bestandenem Examen nach

Hause zurückzukehren, weil die bei Weitem besten Chancen bei den Top-Stra-
tegieberatungen und Investmentbanken in globalen Zentren wie New York und
London und auch bei High-Tech-Unternehmen im Silicon Valley winkten. Dies
hat sich deutlich geändert. Die Heimatmärkte der Ostasiaten sind attraktiv. Die
globalen Zentren verschieben sich. Der asiatische Absolvent geht jetzt gerne in seine eigene Boom-Region zurück, die hervorragende Karrierechancen bietet, und
in der er groß geworden und kulturell vernetzt ist. Das ist eine gute Entscheidung
für den Heimatmarkt. Sie bietet aber internationalen Konzernen die Möglichkeit,
ihren Talentpool vor Ort zu erweitern und diesen höchstqualifizierte und wichtige
Funktionen wahrnehmen zu lassen. Für die Integration bedeutet dies, dass aus der
früher vielfach punktuell verlängerten Werkbank die eigentliche Werkbank geworden ist, und dass das eingeflogene Integrationsteam der Vergangenheit angehört.
Soweit, so verständlich. Aber diese Entwicklung reduziert natürlich die Rolle der
Konzernzentrale auf ein strategisches Minimum.

Wenn es um die Besetzung von Projektteams geht, stellt sich immer wieder heraus, dass Unternehmen heute einfach deutlich schlanker aufgestellt sind als noch
vor ein paar Jahren. Zwar gibt es eine ständige Migration des einschlägigen Know-
hows aus den Beratungsunternehmen in die Großindustrie, aber wir stellen immer
wieder fest, dass ein erfolgreiches Integrationsprojekt signifikante personelle Ressourcen erfordert, die kontinuierlich und vollzeitig (und das heißt auch mehr als
12 Stunden am Tag!) dem Projekt zur Verfügung stehen müssen. Das ist aus einer
Linienfunktion heraus kaum zu leisten. So entstehen zwangsläufig Schwachstellen
in den Teams, die durch externe Experten und Berater ausgeglichen werden.

Eingesetzte Berater müssen neutral sein, den Prozess nachweislich beschleunigen, neben Prozess-Know-how auch über funktionales Know-how verfügen und
pragmatisch helfen:

– Neutralität: Der Berater kann als Mediator zwischen den „Parteien" vermitteln.
  Auch wenn der Käufer das Sagen hat, müssen Käufer und gekauftes Unternehmen am Ende in einem Boot sitzen. Da hilft es, wenn von neutraler Stelle die
  Verhältnisse mit Fingerspitzengefühl klargestellt und Für und Wider noch einmal aufgezeigt werden.
– Prozessbeschleuniger: Berater, die Transaktionen und Integrationsprozesse oft
  mehrmals jährlich durchmachen, können hier schneller und gezielter arbeiten
  als Manager, die sich zwar im Unternehmen besser auskennen, aber maximal
  alle vier, fünf Jahre mit einer Integration befasst sind. Im Team sind beide eine
  hervorragende erfolgversprechende Kombination.
– Umfassende Expertise: Neben dem Prozess-Know-how der Berater ist es hilfreich für die Zusammenarbeit, wenn vom Berater auch funktionales Know-how

mitgebracht wird. In diesem Fall kann er nicht nur an Schritten mitwirken, die z. B. die Besetzung des Project Management Office betreffen oder die Arbeitsplanung, sondern er kann sich auch einbringen, wenn ganze Funktionalbereiche zusammengelegt werden müssen oder die gesamte Organisation motiviert werden muss. Berater, die Erfahrung in Unternehmen haben und über eine starke Analytik verfügen, sind hier klar im Vorteil, und mit ihnen die Unternehmen, die sie einsetzen.

- Pragmatismus: In der Integration ist es wie im richtigen Leben – nicht immer zählt der intellektuellste Ansatz, sondern oft auch der der schnell zum Ziel führt. Die pfiffige Lösung schlägt oft die brilliante!

Trotzdem finden wir wiederkehrend Unternehmen, in denen von oberster Stelle postuliert wird, dass es die Aufgabe des Managements sei, die Integration sicherzustellen: „Meine Führungskräfte machen die Integration, dafür bezahle ich sie!" Absolut richtig, leider oft so in der Realität aus den genannten Gründen nicht darstellbar.

Von Transaktion zu Transaktion wachsen die Kenntnisse und Erfahrungen. Praktiker sehen dies pragmatisch. Dr. Kurt Bock, Vorsitzender des Vorstands der BASF SE, nennt eine Reihe von Erfolgsfaktoren, die die BASF für sich herausdestilliert hat, um letztlich die Frage zu beantworten, was Fusionen und Übernahmen für sie erfolgreich sein lässt: Strategischer Fit, finanzielle Disziplin, professionelle Prozesse, regelmäßige Erfolgskontrolle, umfassende Integration, frühzeitige Kommunikation (u. a. bezüglich der Zielorganisation), „Business first" und ein arbeitsfähiges Integrationsteam, das am Day 1 bereitsteht, sind Indikatoren dafür, dass eine Integration gelingt. Auch den Einsatz von „Site Ambassadors" und der starke Fokus auf Erhalt der Wissens- und Leistungsträger erwähnt er.[6]

Damit ist eigentlich alles gesagt.

---

[6] Nach einem Vortrag, gehalten von Dr. Kurt Bock, BASF, auf dem Deutschen Betriebswirtschaftler-Tag 2012 in Düsseldorf, 26.09.2012.

Über die Autoren

Max M. Habeck hat in Deutschland, USA und dem mittleren Osten als Top-Management-Berater in leitenden Positionen gearbeitet und war bereits im Jahr 2000 Co-Autor des Vorgänger-Buches „Wi(e)der das Fusionsfieber". Er ist heute Leiter des Bereiches EMEIA Operational Transaction Services bei Ernst & Young.

Samy Walleyo ist seit 13 Jahren bei Ernst & Young und hat zahlreiche internationale Integrations- und Carve-out-Projekte, insbesondere für Großkonzerne, geleitet. Vor seiner Zeit bei Ernst & Young war er bereits in der Beratung und der Konsumgüterindustrie tätig. Er ist Autor mehrerer Artikel zu Post-Merger-Integration und Carve-out und hält Vorlesungen zu diesen Themen.

Fabian Frohn arbeitete vor seiner Zeit als Partner bei Ernst & Young als Vice President bei einer internationalen Top-Management-Beratung, wo er für das M&A- und Post-Merger-Integration-Geschäft verantwortlich war. Er berät seit über 20 Jahren im Rahmen internationaler Transaktionen Unternehmen und Private-Equity-Häuser zu Post-Merger-Integration, Commercial/Operational Due Diligence und Carve-out.

M. M. Habeck et al., *Fusionsfieber 2.0*, DOI 10.1007/978-3-658-00517-7, © Springer Fachmedien Wiesbaden 2013